INTERESTING CLASSROOM

青少年美育趣味课堂

Aesthetic Education
Interesting Classroom

PPT制作

彭剑锋 编著

人民邮电出版社

北 京

图书在版编目（CIP）数据

PPT制作 / 彭剑锋编著. -- 北京 : 人民邮电出版社, 2022.8
（青少年美育趣味课堂）
ISBN 978-7-115-58077-1

Ⅰ. ①P… Ⅱ. ①彭… Ⅲ. ①图形软件－青少年读物
Ⅳ. ①TP391.412-49

中国版本图书馆CIP数据核字(2021)第248269号

内 容 提 要

在教育格局大发展的背景下，社会、学校和家长对于青少年的美育教育和艺术培养重新提高了一个新的认知，提高孩子对美的感知，对其情商、心态的塑造都会有十分重要的积极影响。为了满足学生的个性化需求，学校都在积极地开展丰富多彩的科普、文体、艺术、劳动、阅读、兴趣小组及社团活动，以此促进学生的全面健康成长。为此我们策划了一套提升青少年素养的美育系列图书，大部分图书都规划为16堂课的形式，方便老师安排课堂内容。

本书是针对素质拓展而量身定制的一本PPT教程。本书从WPS Office PPT软件入手，通过前6课的学习大家可以熟悉软件的界面和主要功能，以及如何去构思一个PPT的内容；第7课至第16课，为软件的基础应用场景举例，涉及家庭成员介绍、班会主题、植物科普、实验记录、演讲、课外生活规划、游记、学习规划、自我介绍、班干部竞选等与学生学习生活密切相关的内容，通过真实的案例制作，教会大家学以致用的技能。

本书语言简明易懂，讲解步骤清晰易学，不仅适合作为美育系列课程的教材，也适合作为青少年及PPT初学者的学习教程。

♦ 编　　著　彭剑锋
　　责任编辑　王　铁
　　责任印制　周昇亮
♦ 人民邮电出版社出版发行　　北京市丰台区成寿寺路 11 号
　　邮编　100164　　电子邮件　315@ptpress.com.cn
　　网址　https://www.ptpress.com.cn
　　涿州市京南印刷厂印刷
♦ 开本：787×1092　1/16
　　印张：6　　　　　　　　　　　2022 年 8 月第 1 版
　　字数：131 千字　　　　　　　2022 年 8 月河北第 1 次印刷

定价：49.90 元

读者服务热线：(010)81055296　印装质量热线：(010)81055316
反盗版热线：(010)81055315
广告经营许可证：京东市监广登字 20170147 号

前 言

    2020 年，中共中央办公厅、国务院办公厅发布的《关于全面加强和改进新时代学校美育工作的意见》明确指出："弘扬中华美育精神，以美育人、以美化人、以美培元，把美育纳入各级各类学校人才培养全过程，贯穿学校教育各学段"。2021 年，中共中央办公厅、国务院办公厅发布的《关于进一步减轻义务教育阶段学生作业负担和校外培训负担的意见》明确指出，要"全面贯彻党的教育方针，落实立德树人根本任务""坚持学生为本、回应关切""构建教育良好生态""促进学生全面发展、健康成长"。

    青少年的健康成长需要家庭、学校、社会的共同努力，孩子们也需要有独立处理事情、钻研兴趣爱好、积极思考和认知世界、选择人生方向的机会、时间和空间。随着新时代学校美育迈上新台阶和"双减"工作深入推进，学校对个性化、多样化美育课程的需求不断增强，但实际面临的问题是，一方面家长和学生缺少优秀的学习内容，另一方面老师也缺少优质的教案和教学内容。为此，我们组织了长期从事青少年美育教育的一线教师，策划编写了"青少年美育趣味课堂"系列图书，以青少年感兴趣的主题，如创意美术、手工、国画、书法、音乐、思维导图、PPT 制作等为主要编写内容，希望通过学习，培养学生观察能力、主动思考能力、动手能力和创新能力，在亲自动手实践过程中激发艺术兴趣、陶冶艺术情操、提升审美素养、助力全面发展和健康成长。

    本系列图书主要有以下三个特点：

    一、内容优选，符合青少年美育学习需要

    本系列图书在题材选择上，都是青少年感兴趣或者有助于拓宽视野的内容，比如传统文化中的国画绘画、软笔书法，创意绘画中名画的欣赏与应用，耳熟能详的古典音乐乐曲，大家都爱画的漫画，想提升绘画基础的传统素描，等等。在案例难易程度设置上，采用循序渐进的原则，让实践过程有参与感，也有创作的收获感。

    二、课时安排合理，充分考虑学习时间

    本系列图书大部分按照 16 课时进行安排，每课时的时间基本上是 40 分钟。书中所有课例均来自真实教学案例，学生能够在这个时间内完成相关操作或练习。同时每节课后也留有思考和自学的题目，感兴趣的同学可以根据自己的安排进行扩展学习。

    三、立体化学习体验，让学习可随时展开

    本系列图书案例图文步骤清晰，大部分附赠了教学视频，如果有课堂上没有理解透彻的内容，可以通过二维码扫描观看教学视频。

    观看方式一：扫描封底二维码，在线观看。

    观看方式二：直接访问优枢学堂（www.ushu.com），搜索书名之后在线观看！

"青少年美育趣味课堂"系列图书编委会

目录
CONTENTS

第1课 简单的界面，藏着大功能

课堂导入

WPS Office PowerPoint 是由北京金山办公软件股份有限公司自主研发的一款办公软件（以下简称 PPT）。用户可以利用 PPT 在投影仪或计算机上做演示，也可以打印演示文稿，并将其制作成电影，以做更广泛的应用。下面是用 PPT 制作的一些页面，如图 1-1 所示。接下来就带领同学们一起来认识这款软件。

图 1-1

本课重点

- 认识 PPT 界面布局。
- 了解菜单栏各个菜单的作用。
- 了解工具栏的作用。
- 认识编辑区的功能。
- 了解状态栏的作用。

建议完成时间
30分钟

最新版本的 PPT 可以在 WPS Office 的官网进行下载。安装方法如下。

步骤 1 进入官网后，将鼠标指针移到"立即下载"按钮上 ⬇立即下载 ，在弹出的菜单中用鼠标左键选择合适的系统类型，即可下载。

步骤 2 下载完之后，用鼠标左键双击安装程序图标 🅆，就会弹出安装界面，在安装界面勾选安装协议，然后单击"立即安装"按钮，即可安装软件，如图 1-2 所示。

图 1-2

技巧提示

　　这里下载的 WPS Office 是一款办公软件套装，除了 PPT 之外，还包含其他的办公软件，如文字软件、表格软件、思维导图软件等。

步骤 3 安装完成后用鼠标左键双击 WPS Office 图标 🅆，就可以打开 WPS 的软件界面。因为我们需要使用 PPT 进行创作，所以单击"演示"按钮，如图 1-3 所示，这样就可以进入 PPT 的制作界面了。

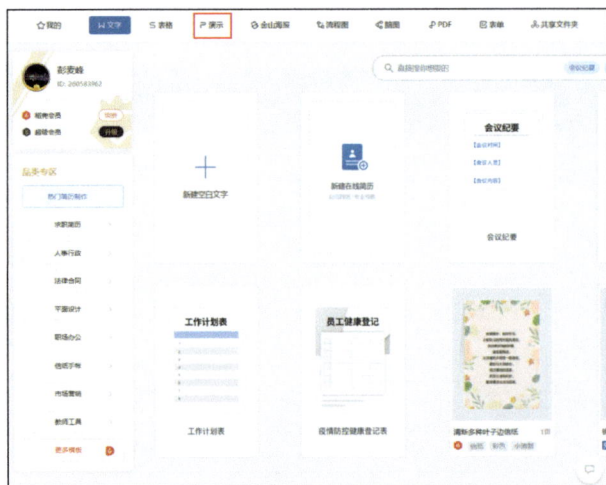

图 1-3

PPT 的界面十分简洁、清晰，可以分成 6 个部分，它们分别是①常用工具栏、②菜单栏、③工具栏、④编辑区、⑤编辑面板和⑥状态栏，如图 1-4 所示。

图 1-4

❶ 常用工具栏

常用工具栏是 PPT 软件一个很人性化的设计，为了方便操作，它单独把常用的几个工具放在一起。这几个工具包括"新建文档"按钮 ▯、"自动保存"按钮 自动保存 ⬤、"文件保存"按钮 ▯、"输出 PDF 格式"按钮 ▯、"打印"按钮 ▯、"打印预览"按钮 ▯、"撤销"按钮 ↺ 与"恢复"按钮 ↻，如图 1-5 所示。

图 1-5

❷ 菜单栏

菜单栏是 PPT 很重要的一个区域，所有的操作都可以通过菜单栏实现。它包括"开始""插入""设计""切换""动画""放映""审阅""视图""开发工具"与"会员专享"菜单，如图 1-6 所示。

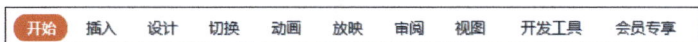

图 1-6

❸ 工具栏

用鼠标左键单击菜单栏中的任意菜单，软件会显示与菜单相应的工具栏，因此菜单栏的每个菜单都隐藏着相对应的工具栏。下面就一一讲解每个菜单所对应的工具栏。

↻ 开始

单击"开始"菜单会看到有关于"开始"的工具栏，如图 1-7 所示。"开始"工具栏下的工具，包含调整版式、框架设置、字体相关设置、对齐分布等功能。

图 1-7

7

❂ 插入

"插入"菜单下的工具，其主要功能是插入各类素材，不仅可以插入表格、图片、音频、视频、形状、图标、智能图形、图表、流程图、思维导图、文本框、页眉页脚、艺术字，还可以插入备注，以及一些特殊的符号、公式等，如图 1-8 所示。

图 1-8

💡 技巧提示

以大多数人的操作习惯来说，图片是可以直接从桌面拖入 PPT 中的，后面讲到具体的操作步骤时，会详细讲解这个操作方法。图表也是如此，一般是在 Excel 里面生成后直接复制、粘贴到 PPT 中，这样操作比较快捷。

❂ 设计

"设计"菜单下的工具主要用于调整和优化 PPT 的风格主题、设置页面尺寸、设置背景格式等，如图 1-9 所示。

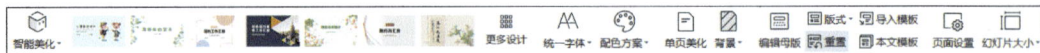

图 1-9

❂ 切换

"切换"菜单下的工具主要用来设置不同页 PPT 之间如何转换，即如何从上一页 PPT 播放到下一页 PPT，用什么效果转换、用多长时间转换、自动转换还是手动转换等，如图 1-10 所示。

图 1-10

❂ 动画

"动画"菜单主要用来对被选中的形状、图片、视频等设置动画，如图 1-11 所示，其中动画分为出现、强调、退出和路径 4 种类型。出现是指让被选中的元素从不显示变到显示，强调是指让已显示的元素变化一下，退出是指让元素从显示变到不显示，路径是指让元素从某位置按照设定好的路径移动到另一个位置。打开动画窗格，可以看到该页面总共有多少种动画形式，选定某一动画后可以设置该动画的方式、持续时间、自动或者手动等属性，后面讲到具体的动画设置时会详细讲解。

图 1-11

◑ 放映

"放映"菜单主要用来播放幻灯片，以及设置幻灯片播放的方式，可以单击"放映设置"按钮 进行选择，如图 1-12 所示。

图 1-12

◑ 审阅

"审阅"菜单下的工具用于审阅 PPT 时添加批注和修改意见。审阅功能除了方便他人提出意见外，还有其他更人性化的功能，比如拼写检查、全文翻译、朗读、繁体字与简体字之间的转换等，如图 1-13 所示。

图 1-13

◑ 视图

"视图"菜单可以调整显示 PPT 的方式，如图 1-14 所示，其中有"普通""幻灯片浏览""备注页""阅读视图"等方式。值得一提的是"备注页"，"备注页"还可以显示每页 PPT 下方的文字备注，如图 1-15 所示。为什么要设置这样一个功能呢？因为在制作 PPT 的过程中，有些细节可能当下没办法立刻完成，会把这个问题留到后面解决，为了后面不会忘掉，可以对这个页面进行备注，起到提醒的作用。用鼠标左键单击"备注页"，会以"备注页"的方式显示 PPT，这样就能看到之前备注的内容了。

图 1-14

图 1-15

9

◎ 其他工具

前面介绍了常用菜单下的工具栏，其他菜单下的工具做初步了解即可，比如"开发工具"，目前并不需要掌握，它属于更高级别的知识点，需要掌握一定的编程知识才能使用这个工具。"会员专享"菜单下的工具也是不常用的，主要是一些付费业务，需要付费才能使用，比如"PDF 转PPT""图片转文字""输出为 PDF"等，如图 1-16 所示。

图 1-16

❹ 编辑区

在编辑 PPT 页面的过程中，编辑区是经常使用的区域。在这个区域，创作者可以直接添加和编辑页面，可以随意编辑文字、编排页面的样式，还可以直接插入图片、视频、音频和表格等素材，直观地看到 PPT 页面的效果，如图 1-17 所示。

图 1-17

另外，在编辑区里，还可以看到 PPT 的微缩列表，通过微缩列表方便找到想查看的 PPT 页面，如图 1-18 所示。

图 1-18

❺ 编辑面板

在编辑区的右侧还可以看到一个面板，这个面板集合了常用的一些工具，可以对PPT页面的颜色进行调整，还可以对字体进行设置，当然也可以对动画效果进行设置，如图 1-19 所示。

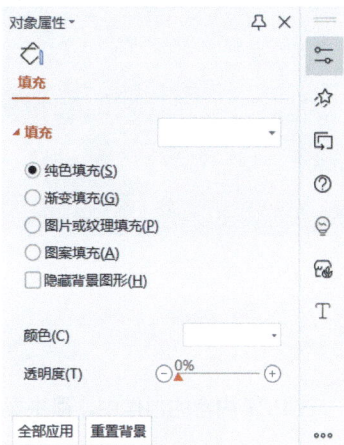

图 1-19

❻ 状态栏

状态栏主要显示正在编辑的幻灯片的信息，如图 1-20 所示。状态栏的作用很多，可以显示正在编辑的幻灯片的序列，编辑文档使用的字体，提示字体是否缺失等。当然，还可以直接用鼠标左键单击"备注"按钮，对幻灯片进行备注；也可以用鼠标左键单击"批注"按钮，对幻灯片进行批注；另外，还可以调整幻灯片显示的尺寸比例。

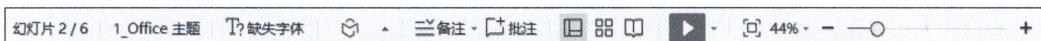

图 1-20

课堂巩固

1. 常用工具栏的主要作用在于方便创作者更快捷地使用工具，因为这些工具都是较为常用的。

2. 菜单栏上一共有 10 个菜单，这 10 个菜单对应着不同的工具，用鼠标左键单击菜单时，会显示出相应菜单的工具栏。

3. 编辑区是创作者较为常用的一个区域，创作者可以直接在编辑区编辑幻灯片的文字，还可以调整幻灯片的样式、风格；另外其左侧还会显示幻灯片的微缩列表，其右侧还有一个编辑面板，是用来调整和设置幻灯片字体、颜色及动画样式的。

4. 在 PPT 主界面窗口的最底下，有一个区域叫作状态栏，状态栏可以显示编辑区中幻灯片的相关信息。

课后练习

试着探索 PPT 功能区中的各个按钮，看看它们都是用来干什么的，不用担心点错，点错了也是一种进步。

建议完成时间：20 分钟

PPT不仅能输入文字，还能插入素材

课堂导入

在 PPT 内容的创作中，最主要的两个操作是文字的编辑和素材的插入。也就是说，我们把现有的素材插入到 PPT 中，并搭配适合的文字，就可以展示出我们想要表达的内容了。

那么该如何编辑文字，又该如何插入素材呢？先来看看编辑好的一个页面，如图 2-1 所示。

图 2-1

本课重点

● 掌握文字编辑的方法。

● 掌握素材插入的方法。

建议完成时间

30分钟

本课内容

难度系数 ★ ★ ★

❶ 文字的编辑

下面我们学习如何在 PPT 中编辑文字。

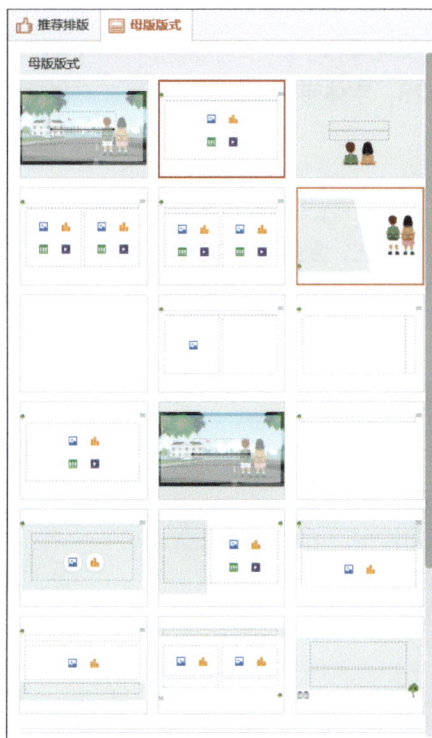

图 2-2

步骤 1 打开 PPT 软件，用鼠标左键单击"新建幻灯片"按钮，再单击"版式"按钮，会弹出一个幻灯片版式列表供你选择，如图 2-2 所示。版式列表里有"推荐排版"和"母版版式"两种分类，单击合适的版式，就会创建一个新的幻灯片，如图 2-3 所示。

图 2-3

幻灯片已经创建好,接下来开始编辑文字吧。

步骤 2 可以直接在编辑框里面编辑文字，用鼠标左键单击编辑框，即可输入文字，如图 2-4 所示。

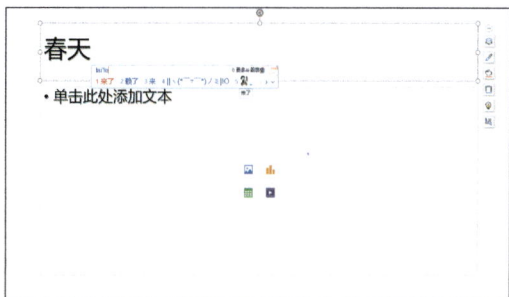

图 2-4

步骤 3 如果对文字样式不满意，可以进行优化。用鼠标左键单击文本框，在菜单栏上会出现一个文本工具栏，如图 2-5 所示，利用这个工具栏即可优化文字样式。

图 2-5

在"文本工具"栏中可以对文本框中的文字进行各项优化，如设置字体样式和字号大小 宋体 ┌ 16 ┐、字体加粗 **B**、字体颜色 A 等；还可以调整句子或者段落的版式。按住鼠标左键并拖曳，选定需要优化的文字，此时选中文字的背景变成灰色，如图 2-6 所示。

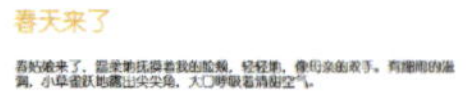

图 2-6

选中文字后就可以对字体、段落的排版、颜色等进行优化操作了。

比如需要设置文字的字体为"微软雅黑"，字号为 28，字体带阴影效果，而且在文本框中文字居中，那么该如何设置呢？

◑ 设置字体样式

步骤 4 选中要优化的文字后用鼠标左键单击"字体样式"按钮，会弹出字体列表，如图 2-7 所示，然后选择"微软雅黑"字体，幻灯片里原来被选中文字的字体即可转变成"微软雅黑"字体。

图 2-7

◑ 设置文字字号

步骤 5 用鼠标左键单击"字号大小"按钮 28 ，即可弹出字号大小的列表，如图 2-8 所示，然后用鼠标左键单击数字 28，即可将字号大小设置成 28。数字越小，文字越小，反之则越大。

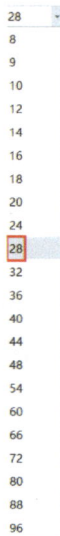

图 2-8

◑ 设置文字阴影

步骤 6 用鼠标左键单击"文本效果"按钮 ，会弹出文本效果列表，如图 2-9 所示。将鼠标指针移动到"阴影"上方（快捷键是 S），会弹出关于阴影样式的列表，选择其中一种阴影样式，幻灯片中被选中的文字即可使用这种阴影样式，如图 2-10 所示。

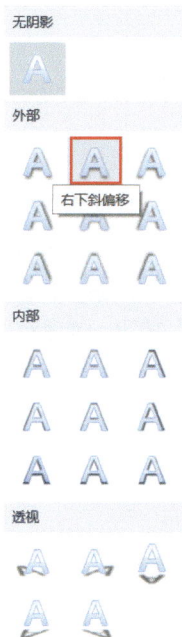

图 2-9   图 2-10

步骤 7 设置完成后的效果如图 2-11 所示，是不是变得好看多了。

春天来了

春姑娘来了，温柔地抚摸着我的脸颊，轻轻地，像母亲的双手。有细雨的滋润，小草雀跃地露出尖尖角，大口呼吸着清甜空气。

图 2-11

◑ 给文字排版

首先对文字合理分行，每一句一行，如图 2-12 所示，然后用鼠标左键选择工具栏中的居中样式，如图 2-13 所示。此时，文字的排版形式即可改变，如 2-14 所示。

春天来了

春姑娘来了，温柔地抚摸着我的脸颊，轻轻地，像母亲的双手。
有细雨的滋润，小草雀跃地露出尖尖角，大口呼吸着清甜空气。

图 2-12

图 2-13

图 2-14

❷ 素材的插入

用鼠标左键单击该幻灯片要插入素材的位置，然后单击菜单栏中的"插入"菜单，即可显示对应工具栏，在工具栏中找到想要插入的素材类型，有表格、图片、形状等。比如，要插入图片，可以用鼠标左键单击"图片"按钮🖼️，会弹出"插入图片"对话框，如图 2-15 所示。选择需要插入的图片，再单击"打开"按钮，或者双击素材图片，该图片就顺利插入到指定的幻灯片位置了，如图 2-16 所示。

图 2-15

图 2-16

其他素材的插入步骤也是一样的，用同样的方法，我们可以插入视频、图表等，当然还可以插入思维导图。

知识拓展

其实，还可以用更加快捷的方式插入素材，方法如下。

步骤 1 新建一张幻灯片后，可以看到幻灯片编辑区里，有 4 个插入素材的按钮，分别是插入图片、插入图表、插入表格和插入视频，如图 2-17 所示。

步骤 2 想好要插入的素材类型，用鼠标左键单击对应的按钮即可打开相应的素材插入对话框，选择要插入的素材，双击该素材，即可将其插入到幻灯片中，如图 2-18 所示。

图 2-17

图 2-18

课堂巩固

1. 编辑文字用到的主要工具在"开始"菜单对应的工具栏中，不仅可以为文字选择各式各样的字体，调整文字的大小、颜色等，还可以编排段落的样式。

2. 插入素材用到的主要工具在"插入"菜单对应的工具栏中，可以在编辑区中插入各类素材，如图表、图片、视频、特殊符号、公式、形状等。

课后练习

试着在 PPT 中插入你的一些照片，并配上文字，说明这些照片当时是在什么情况下拍摄的。
建议完成时间：30 分钟

把文字和素材完美融合在一起

课堂导入

　　PPT 幻灯片大多数时候呈现的是图片和文字，在制作幻灯片时，除了文案写得好及图片精美外，还需要考虑图文搭配的问题。本节课就为大家讲解图文搭配的方法，同样的文字和图片，能做出不一样的 PPT。先来看看做好的效果吧，如图 3-1 所示。

图 3-1

本课重点

- 掌握图文搭配的技巧。
- 学会使用"设计"菜单栏中的主要工具。

建议完成时间
30分钟

❶ 素材的整理与规划

在制作 PPT 之前，需要对素材有足够的了解，主要包括以下两点。

首先是素材的风格，要对素材风格有初步的定义，是可爱的还是严肃的，是唯美的还是写实的。

其次是素材的名称，如果所有的素材都随意命名，就很容易混乱。因此可以按照编号或者简短的说明给素材命名，并通过不同的文件夹进行管理，以便插入素材时能高效操作，如图 3-2 所示。

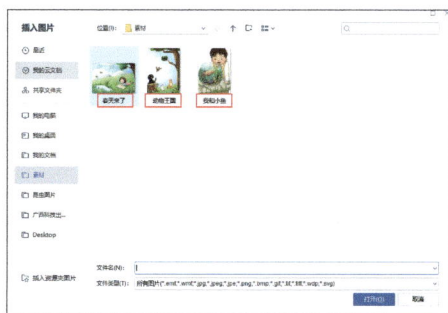

图 3-2

❷ 新建幻灯片

在 PPT 中每新增加一个页面，都要新建一张幻灯片，这一点是不变的。

常规方法是先用鼠标左键单击"新建幻灯片"按钮 🖼，然后在 PPT 编辑区域即可呈现新建的幻灯片，如图 3-3 所示。

图 3-3

❸ 插入图片并编辑文字

用鼠标左键单击编辑区中的"图片"按钮 🖼 插入图片，然后单击文本框输入文字，即可完成图文输入，这一步操作在第 2 课已经详细讲解过。

❹ 优化幻灯片

如果只是简单地插入图片，编辑一下文字，这样的幻灯片往往不够美观，为了达到图文协调美观的效果，需要充分利用"设计"工具，具体的操作方法如下。

用鼠标左键单击"设计"菜单 设计，会显示"设计"工具栏，可以利用"智能美化""美化模板""统一字体""配色方案""单页美化""背景"等工具优化幻灯片，如图 3-4 所示。

图 3-4

19

知识拓展

在"设计"工具栏中"智能美化"是非常人性化的工具，下面详细讲解这个工具的使用。

用鼠标左键单击"智能美化"按钮，即可弹出"全文美化"操作窗口，在这个窗口中有 4 个大的操作选项，分别是"全文换肤""智能配色""统一版式"和"统一字体"，如图 3-5 所示。

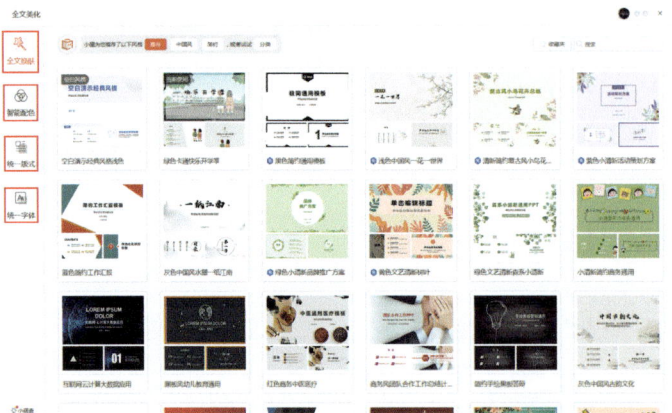

图 3-5

◆ 全文换肤

用鼠标左键单击"全文换肤"按钮，会弹出各种肤色的版式以供选择，在这个肤色模板列表中，可以根据风格、场景、专区和颜色这 4 个分类筛选最接近我们需要的风格，如图 3-6 所示。

图 3-6

风格：这一栏中的选项可以有效地给整个 PPT 幻灯片风格定调，不同内容的 PPT 有不同的风格要求，比如公司开会时展示公司业绩，最好选用商务风格；而比较文艺的内容，则可以选择小清新风格。

场景：PPT 的主要作用是辅助演讲者演讲，这就对不同的场景提出了需求。

专区：在 PPT 中有些模板是需要付费的，可以根据实际情况选择付费或者免费的模板，所以这里有"免费专区"和"会员专区"。

颜色：颜色可以说是 PPT 的灵魂，不同的颜色基调基本上可以定义一个 PPT 的风格。

以上四个选项都选择完毕后，系统会根据选择结果显示相应的肤色模板，用鼠标左键单击选择合适的模板，再单击"应用美化"按钮，幻灯片就会以相应的肤色呈现，如图 3-7 所示。

图 3-7

智能配色

用鼠标左键单击"智能配色"按钮，会显示关于配色的模板。另外，值得注意的是，在配色选择窗口的右侧显示了幻灯片的缩略图，可以勾选需要配色的幻灯片；然后单击所选择的颜色模板，再单击"应用美化"按钮，如图 3-8 所示，幻灯片页面即可显示相应的色调，如图 3-9 所示。

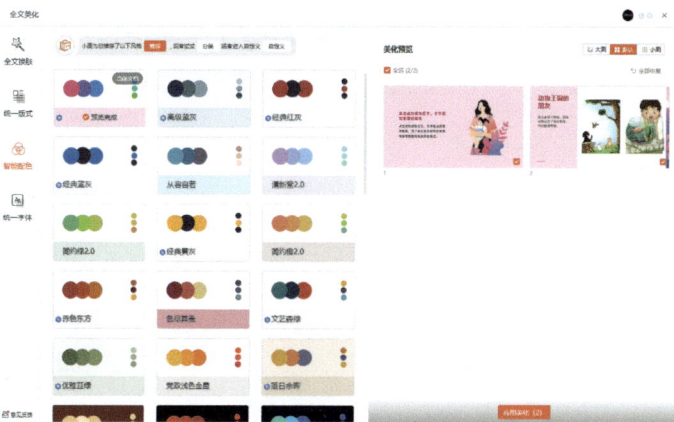

图 3-8

图 3-9

❖ 统一版式

版式是指幻灯片的排版样式，不同的排版样式有不一样的美感。在 PPT 中内置了很多版式，只需要利用"统一版式"这个功能，就能随意选择喜欢的版式。

用鼠标左键单击"统一版式"按钮，窗口就会显示不同形式的版式，然后选择合适的版式，并单击"应用美化"按钮，如图 3-10 所示，此时幻灯片即可变成所选的版式，如图 3-11 所示。

图 3-10

图 3-11

❖ 统一字体

字体也是影响幻灯片风格的元素之一，同样需要对字体进行优化。

用鼠标左键单击"统一字体"按钮，会显示字体列表，然后选择合适的字体，并勾选想要美化的幻灯片，再单击"应用美化"按钮，如图 3-12 所示。

以上操作完成后，幻灯片的字体就会变成设置的字体了，如图 3-13 所示。

图 3-12

图 3-13

📝 课堂巩固

1. 图文搭配，最重要的是要学会使用"设计"工具。

2. 在"设计"工具栏中找到"智能美化"按钮，充分利用这个功能就能美化幻灯片。

▶ 课后练习

新建一个名称为"我的名字叫×××"的幻灯片，然后根据自己的理解利用"智能美化"功能美化幻灯片。

建议完成时间：20 分钟

第 4 课 加入动画，让PPT动起来

课堂导入

我们不仅要把PPT内容做好，还要搭配好的表现形式，毕竟PPT是要呈现出来给别人看的，因此在播放的时候要有动感，这样才能让人更深入地了解内容。

这节课将会给同学们讲解一个新的操作技巧，就是利用PPT"动画"菜单栏中的工具制作动画效果。图4-1和图4-2所示是让PPT标题从底部慢慢飞入标题框中。

图 4-1

图 4-2

本课重点

● 掌握文字动画的制作技巧。

● 掌握智能动画的制作技巧。

建议完成时间

30分钟

本课内容

❶ 新建幻灯片

步骤 1 可以快速利用模板新建一张幻灯片，用鼠标左键单击"新建幻灯片"按钮 ，然后在幻灯片模板窗口中选择一个模板，如图 4-3 所示。单击模板，此时幻灯片模板会自动在编辑区中生成，如图 4-4 所示。

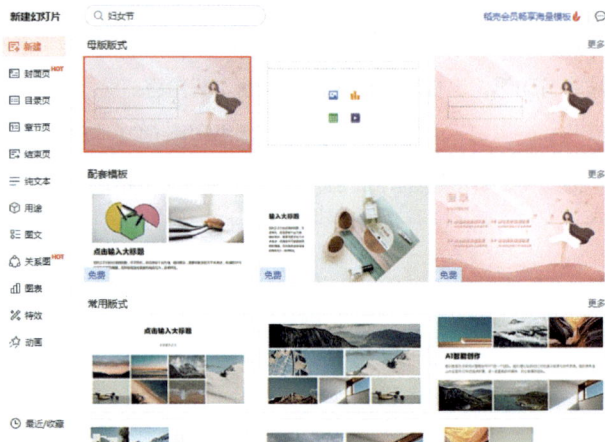

图 4-3

图 4-4

步骤 2 根据模板的样式，在文字编辑区里输入相关内容，这样幻灯片就做好了，如图 4-5 所示。

图 4-5

❷ 让文字动起来

步骤 1 用鼠标左键单击选择想要设置动画效果的文本框，然后单击菜单栏中的"动画"菜单 动画 ，此时会显示所有动画工具，如图 4-6 所示。

图 4-6

步骤 2 在"动画"工具栏中有一些比较显眼的图标，那就是各种动画效果，如图 4-7 所示。在这些动画效果中挑选一个合适的效果，用鼠标左键单击该效果，选定的文本框就会按照这个动画效果进行展示，如图 4-8 和图 4-9 所示。

图 4-7

图 4-8

图 4-9

💡 技巧提示

在选择效果的过程中，不需要重新选定文本框，用鼠标左键单击效果图标，幻灯片会自动预览效果。但是要注意设置好预览方式，单击"预览效果"按钮 ☆ ，然后在弹出的菜单中选择"自动预览"选项，如图 4-10 所示，这样就能自动预览动画效果了。否则，每次单击效果图标后都需要重新选定文本框。

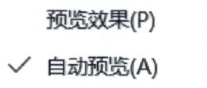

图 4-10

⚙ 知识拓展

选择好动画效果后，还可以对动画效果进行调试和优化，方法如下。

步骤 1 用鼠标左键单击"动画"菜单后，可以看到一个"动画窗格"按钮 ☆，单击该按钮会在编辑区中弹出"动画窗格"面板，如图 4-11 所示。在这个面板中可以对所有可设置动画的内容进行调试，如图 4-12 所示。

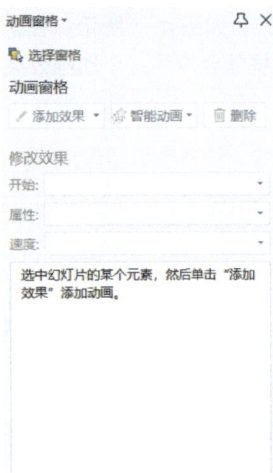

图 4-11

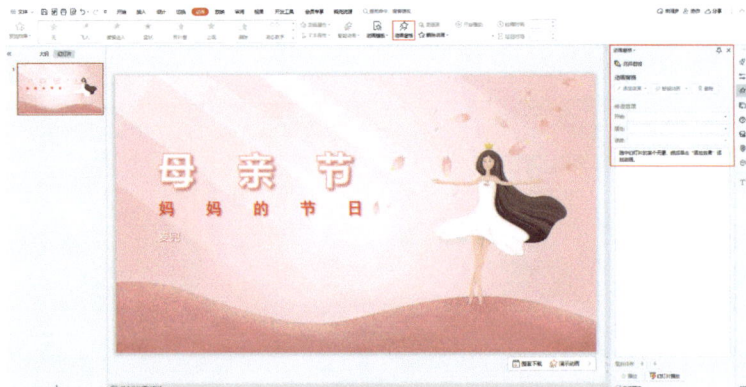

图 4-12

步骤 2 用鼠标左键单击选择需要设置动画效果的文本框，然后在"动画窗格"面板中单击"添加效果"按钮，如图 4-13 所示，会弹出动画效果选择框。单击合适的效果，比如"飞入"效果，如图 4-14所示，被选定的文本框就会以"飞入"的动画效果呈现。

图 4-13

图 4-14

步骤 3 选定动画效果后就可以对动画进行优化了，可以对动画的"开始"方式、"方向"和动画"速度"进行设置。其中，动画的"开始"方式有 3 种，分别是"单击时""与上一动画同时"与"在上一动画之后"，如图 4-15 所示。

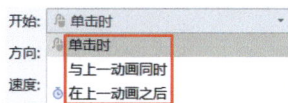

图 4-15

步骤 4 用鼠标左键单击"方向"选项，总共提供了 8 种开始方向，根据需要选择即可，如图 4-16所示。

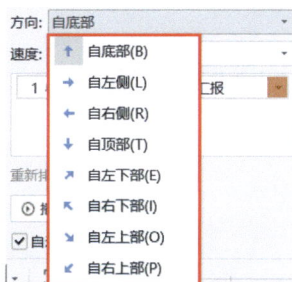

图 4-16

步骤 5 最后一个设置选项是"速度"，通过它可以设置动画的运动速度，总共提供了 5 种选项，根据需要选择即可，如图 4-17 所示。

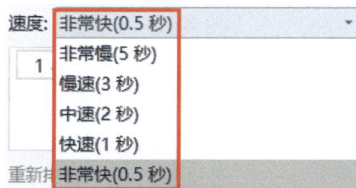

图 4-17

比如，希望标题动画的形式与上一个动画同时播放，运动方向是从右下部开始，速度是 5 秒，那么设置完成后的参数如图 4-18 所示。

图 4-18

步骤 6 设置完成后的动画片段分别如图 4-19 和图 4-20 所示。

图 4-19

图 4-20

其他文本框如果也想实现动画效果，按照同样的方法进行设置即可。

课堂巩固

1. 用鼠标左键单击"动画"按钮，然后单击选择要实现动画效果的文本框，可以在工具栏中看到一行动画效果图标，单击合适的动画效果图标，即可实现相应的动画效果。

2. 如果想实现更加精细的动画效果，可以用鼠标左键单击"动画窗格"按钮，然后在"动画窗格"面板中就可以对动画效果进行优化了。

课后练习

在幻灯片中插入图片，然后设计图片的动画效果。

建议完成时间：20 分钟

第 5 课 套用模板，做出精美的PPT

课堂导入

对于初学者来说，合理运用模板可以提高设计效率，也可以使制作的 PPT 更加精美。这节课将带领同学们学习如何又快又好地使用 PPT 原有的模板。先来看看套用模板做出来的幻灯片吧，如图 5-1 所示。

图 5-1

本课重点

● 掌握套用模板的操作流程。

● 掌握修改模板的技巧。

建议完成时间

30分钟

本课内容

步骤 1 打开 PPT 软件，然后用鼠标左键单击"开始"菜单 开始 ，在工具栏中会显示相关的工具，如图 5-2 所示。

图 5-2

步骤 2 在工具栏中用鼠标左键单击"新建幻灯片"按钮 新建幻灯片 ，即可弹出模板窗口，在这个窗口中有各式各样的幻灯片模板，如图 5-3 所示。

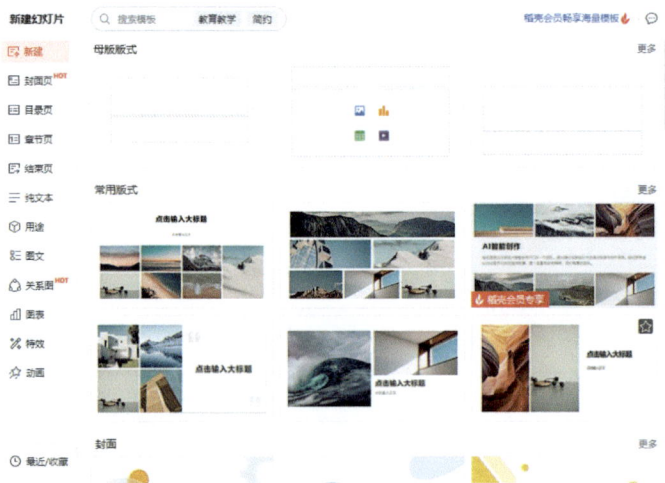

图 5-3

步骤 3 幻灯片模板有不同的分类，分别是"封面页""目录页""章节页""结束页""关系图""用途""纯文本""图文""图表""特效"与"动画"，如图 5-4 所示。可以根据要制作的 PPT 内容和风格，选择对应类型的模板。

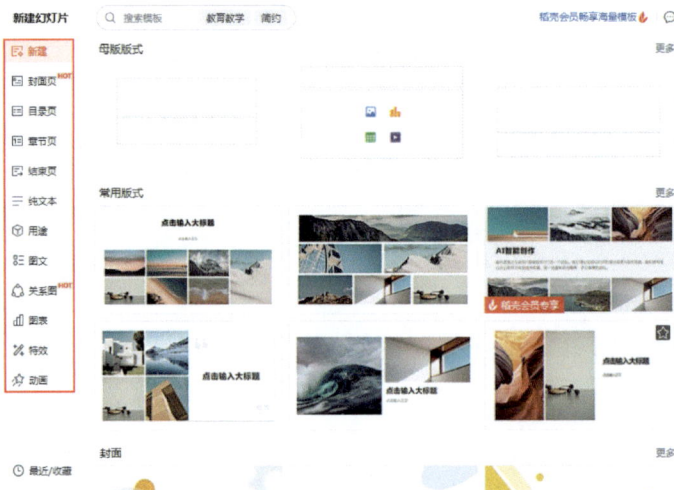

图 5-4

步骤 4 其中"封面页""目录页""章节页"和"结束页"这四种类型的模板又包括很多风格，比如"封面页"中的"精选""简约""商务""小清新""中国风""党政""渐变"与"卡通"，如图 5-5 所示。

图 5-5

步骤 5 其他类型模板的风格分类都不一样，可以通过图 5-6~ 图 5-12 进行对比。

图 5-6

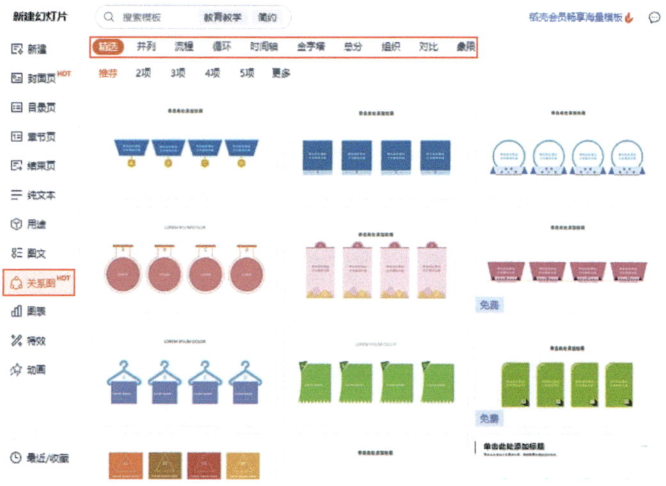

图 5-7

图 5-8

图 5-9

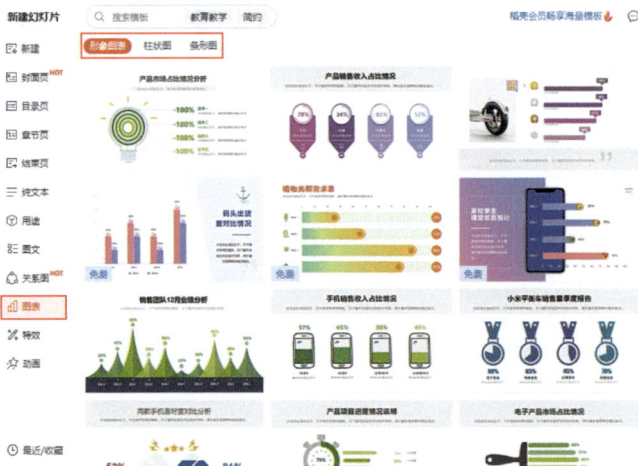

图 5-10

图 5-11

图 5-12

步骤 6 套用模板时先选择合适的类型，再选择合适的风格，如图 5-13 所示，这个模板就会自动添加到幻灯片中，此时会回到编辑区域，如图 5-14 所示。

图 5-13

图 5-14

33

技巧提示

　　在选择模板的时候，一般先从封面页开始挑选，因为这个页面是最能体现 PPT 风格的页面；然后是目录页，再是章节页，最后是结束页，这几个幻灯片的分类要选择同一类型，这样才能使整个 PPT 风格保持统一。

　　通常，正文的模板没办法做到全部都是一个分类，因为正文通常是封面页、目录页、章节页、结束页之外的类型的模板，而这些模板的分类是不一样的，所以没办法统一分类，只有尽可能地挑选风格接近的模板。

　　挑选好模板后，模板中会自带一些不需要的文字，因此接下来需要对模板进行修改，把里面的文字改成需要的内容。

知识拓展

　　用鼠标左键单击模板中的文本框，然后输入需要的文字即可，如图 5-15 所示。

图 5-15

　　还可以对文本框的位置进行调整，将鼠标指针移动至文本框边缘处，当指针显示为"十"字形时，按住鼠标左键即可拖动整个文本框移动位置。

　　也可以改变整个文本框的大小和排列方向，用鼠标左键单击文本框，此时文本框会出现控制点，通过按住鼠标左键并移动鼠标即可改变文本框的大小与方向，如图 5-16 所示。

图 5-16

❶ 将鼠标指针移动至控制点处，当其变成 ↔ 时，按住鼠标左键左右拖动，即可改变整个文本框的宽度。

❷ 将鼠标指针移动至控制点处，当其变成 ↗ 时，按住鼠标左键以斜对角方向拖动，即可改变整个文本框的大小。

❸ 将鼠标指针移动至控制点处，当其变成 ↕ 时，按住鼠标左键上下拖动，即可改变整个文本框的高度。

❹ 将鼠标指针移动至控制点处，当其变成 ↻ 时，按住鼠标左键随意拖动，即可改变整个文本框的方向，从而改变文字的排列方向。

当然，也可以删除或增加文本框。选择文本框，然后单击鼠标右键，在弹出的菜单中选择"删除"选项，就可以把多余的文本框删除，如图 5-17 所示。

复制(C)	Ctrl+C
剪切(T)	Ctrl+X
粘贴(P)	
删除(D)	
更改形状(N)	
编辑顶点(E)	
填充图片(J)	
另存为图片(S)...	
编辑文字(X)	
字体(F)...	
段落(P)...	
项目符号和编号(B)...	
组合(G)	
置于顶层(U)	
置于底层(K)	
超链接(H)...	Ctrl+K
动作设置(A)...	
动画窗格(M)...	
设置对象格式(O)...	
插入批注(M)	

图 5-17

课堂巩固

1. 用鼠标左键单击"新建幻灯片"按钮，会弹出幻灯片模板窗口，通过这个窗口就可以找到喜欢的幻灯片模板了。

2. 一般需要对挑选的模板进行优化，比如修改文字或者移动、删除文本框的位置，经过优化后就是符合要求的幻灯片了。

课后练习

挑选一个小清新风格的幻灯片模板，并在幻灯片中重新输入文字"自我介绍"。

建议完成时间：30 分钟

学会构思PPT内容

课堂导入

　　制作的 PPT 是否精美会受到很多因素影响，除了文字内容、图片和排版外，还有一个更核心的因素就是内容的逻辑关系。如果一个 PPT 内容没有任何逻辑，那就像一盘散沙，因此 PPT 内容逻辑的构思是首先要考虑的因素，如图 6-1 所示。

图 6-1

本课重点

- 掌握构思 PPT 内容的方式。
- 了解幻灯片排序的基本特点。

建议完成时间
30分钟

本课内容

很多人觉得，做 PPT 首先需要思考的是封面，因为封面是第一页，这种想法是错误的。做 PPT，首先要思考的是目录，因为目录是整个 PPT 的内容框架，有了这个框架，我们才能构思每一张幻灯片该用什么样的形式将内容展现出来，如图 6-2 所示。

1、封面页
2、目录页
3、章节页
4、内容页
5、结束页

? 我应该怎么设计目录呢？

图 6-2

❶ 封面页

有了目录规划之后需要确定整个 PPT 的风格，封面通常是整个 PPT 的题目所在位置，因此它是最能体现 PPT 风格的一张幻灯片，如图 6-3 所示。

严肃？ 商务？ 卡通？ 小清新？ 中国风？ 简洁？

图 6-3

一、我的家
二、家庭成员 —— 1. 我的爸爸
2. 我的妈妈
3. 我的哥哥
4. 我的妹妹
5. ...

图 6-4

❷ 目录页

风格确定后接下来就可以制作目录页了，目录可以分为一级目录、二级目录、三级目录。每一个要讲述的主题下包含几个分支内容，就分出几个二级目录。比如，PPT 封面题目是"我的家"，那么章节目录的一级目录可能是"家庭成员"，二级目录有可能是"我的爸爸""我的妈妈""我的哥哥""我的妹妹"等，每一个二级目录对应着一张幻灯片，它们属于"家庭成员"这个一级目录下的分支内容，如图 6-4 所示。

❸ 章节页

章节页和封面页类似，也会带一个小题目，章节页除了要考虑整体的风格之外，还要与它对应的章节内容的风格一致，如图 6-5 所示。

文艺风？
科技感？
中国风？
卡通风格？
欧美风？

图 6-5

❹ 内容页

每个章节页下都会涉及相关的内容，这些展示内容的幻灯片可以称之为内容页。内容页的常见内容类型有纯文字、图文、图表、关系图等，需要根据章节页的标题来确定内容页需要用什么方式来表达，如图 6-6 所示。

图表？
纯文字？
图文？
关系图？
happy

图 6-6

我是要"谢谢"，还是写上我的联系方式呢？要不两样都写吧！

图 6-7

❺ 结束页

因为 PPT 的作用主要是辅助演讲者进行演讲，所以 PPT 的幻灯片会向观众展示，通常在 PPT 的结尾会有一个专门的结束页，如图 6-7 所示。

技巧提示

　　在结束页除了答谢观众外，演讲者也可以通过结束页给观众展示自己的信息或联系方式，以便日后与观众有更好的互动。

　　在所有的内容都构思好之后，需要对幻灯片进行优化，通常优化的项目有 3 个：一是幻灯片的动画效果，二是图文排版的形式，三是整体的字体和颜色，如图 6-8 所示。

图 6-8

课堂巩固

　　1. 一个完整的 PPT 包含封面页、目录页、章节页、内容页和结束页，要围绕这几个页面进行思考。

　　2. 目录页是 PPT 创作者首先要考虑的内容，因为 PPT 的目录构思出来后，整个 PPT 的内容框架也就构思好了。

　　3. 章节页要紧扣内容页，章节页的标题不能与所属的内容无关。

　　4. 结束页除了答谢观众外，还可以把演讲者的信息展现出来，这样可以促进日后观众与演讲者进行互动。

课后练习

　　构思一个 PPT 的目录，主题是"一次篮球比赛"，想一想，这个 PPT 的目录应该是什么样的。建议完成时间：30 分钟。

有趣的家庭介绍

课堂导入

每位同学都有一个温馨的家，爸爸、妈妈、爷爷、奶奶都很爱我们，这节课就以"我的家，充满爱"为主题制作 PPT，介绍各自的家庭。在制作之前，需要注意以下内容。

模板和样式风格：在选择模板的时候，样式中要有"爱"的元素。

PPT 内容规划：整个 PPT 分为五大块，分别是封面页、目录页、章节页、内容页和结束页。

假如内容规划分为 7 页，那么可以分别介绍家人，以及自己与家人之间的故事。

完成后的效果如图 7-1 所示。

图 7-1

本课重点

● 学会选择适合主题的模板和风格样式。

● 学会在模板上修改内容。

建议完成时间

30分钟

本课内容

难度系数 ★ ★ ★

步骤 1 打开 PPT 软件并用鼠标左键单击"开始"菜单，然后单击"新建幻灯片"按钮，会弹出一个模板窗口，如图 7-2 所示。

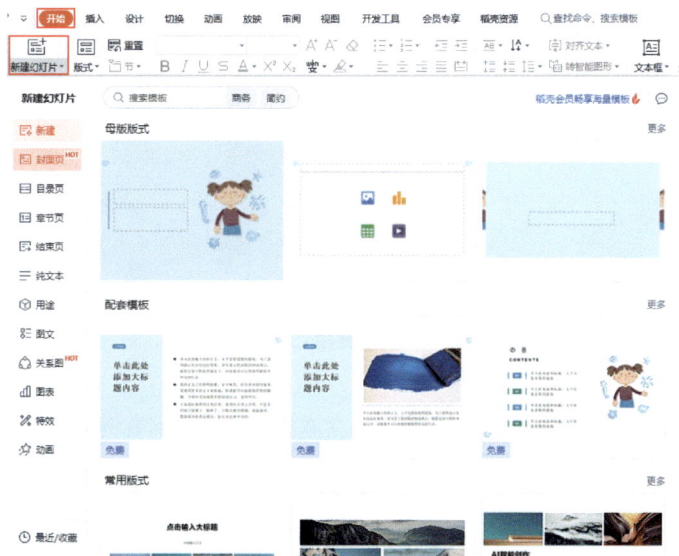

图 7-2

知识拓展

在模板窗口的左侧选项栏中有各种模板的分类。用鼠标左键单击相应的选项即可选择，比如希望封面页是卡通风格的，就先单击"封面页"选项，再勾选"卡通"风格，这时模板列表中会弹出相应的模板，如图 7-3 所示。

图 7-3

在筛选的模板中选择需要的模板，会弹出这个模板的下载列表，勾选需要的页面并单击"立即下载"按钮，这个模板就会自动插入到 PPT 中，如图 7-4 和图 7-5 所示。

图 7-4

图 7-5

步骤 2 选择好模板后需要修改文字，用鼠标左键单击文本框，然后输入需要的文字就可以了，如图 7-6 所示。

步骤 3 多余的文本框可以删除。选择不需要的文本框，单击鼠标右键，然后在弹出的菜单中选择"删除"选项，如图 7-7 所示。

图 7-6

图 7-7

步骤 4 模板不能满足所有人的需求，它只是提供了一个大概的风格，我们还需要对文本框的位置进行调整。选择文本框，把鼠标指针移动到文本框的任意一条边上，当鼠标指针出现"十"字形状时，按住鼠标左键并拖曳文本框到合适的位置即可，如图 7-8 所示。

图 7-8

步骤 5 到此，封面就制作完成了，效果如图 7-9 所示。

图 7-9

步骤 6 剩下的内容大家可以使用同样的方法制作，分别是目录、我的爸爸、我的妈妈、我们一家三口、我爱我的家和结束页，如图 7-10 所示。

图 7-10

课堂巩固

单击"新建幻灯片"按钮上的小三角，记住啦，是单击小三角，然后勾选想要的 PPT 模板类型，接着调整文本框，就完成了。

课后练习

制作一个介绍同学和朋友的 PPT，你打算如何介绍呢？选择什么样的模板最合适？
建议完成时间：30 分钟

我们的班会主题生动又有趣

课堂导入

同学们都开过班会吧？它的特点是，有大量的信息，还有大量的总结性内容，当然也有对未来的计划。一般情况下是班主任给同学们开班会，也可以由同学们自己组织完成。本节课就带领大家学习用 PPT 制作班会主题内容，完成后的效果如图 8-1 所示。

图 8-1

本课重点

- 巩固 PPT 的操作技巧。
- 学习用关系图的形式来表达幻灯片内容。

建议完成时间
30 分钟

本课内容

难度系数 ★ ★ ★

步骤 1 这次班会要讲的话题一共有三个，分别是传话游戏、握手和拥抱与诉说理想。那么，得出的目录应该是这样的，如图 8-2 所示。

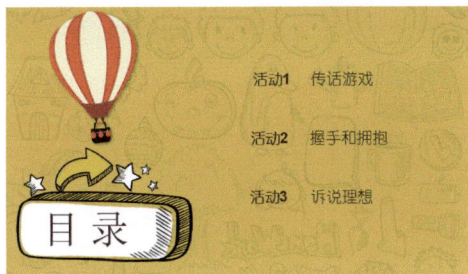

图 8-2

步骤 2 目录的幻灯片制作好之后，要在目录的前面做一个封面幻灯片。用鼠标左键单击编辑区幻灯片列表中的"+"，如图 8-3 所示；然后在弹出的幻灯片模板中选择一个适合本主题的封面，并单击该模板，这个模板就成为新建的幻灯片了，如图 8-4 所示。

图 8-3

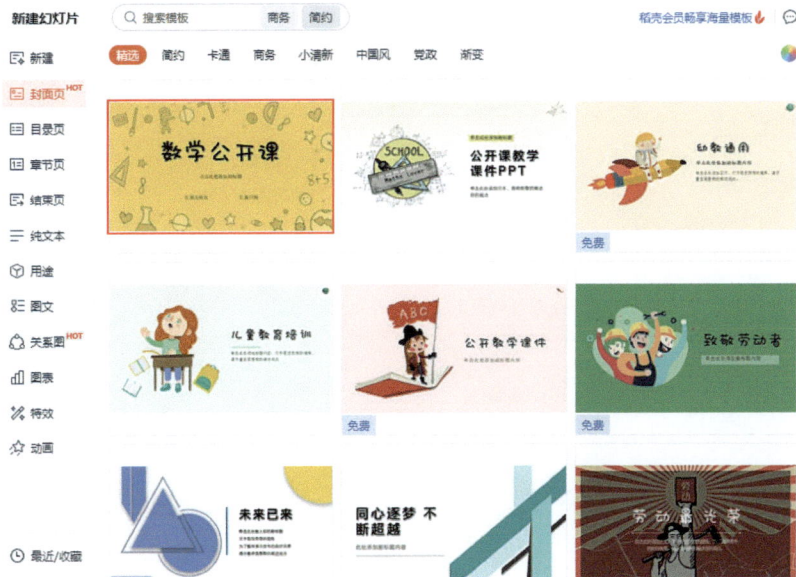

图 8-4

45

步骤 **3** 新建的幻灯片模板中的文字并不是我们想要的，需要对模板中的文字进行修改，如图 8-5 所示。

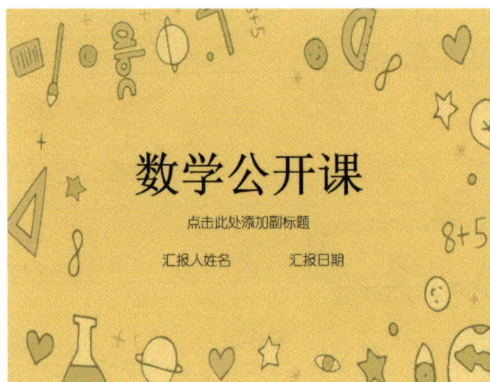

图 8-5

步骤 **4** 把一些不需要的文本框删除。选择需要删除的文本框，然后单击鼠标右键，接着在弹出的菜单中选择"删除"选项，这个文本框即可删除，如图 8-6 所示。

图 8-6

步骤 5 将文本框中的文字修改成合适的内容，如图 8-7 所示。

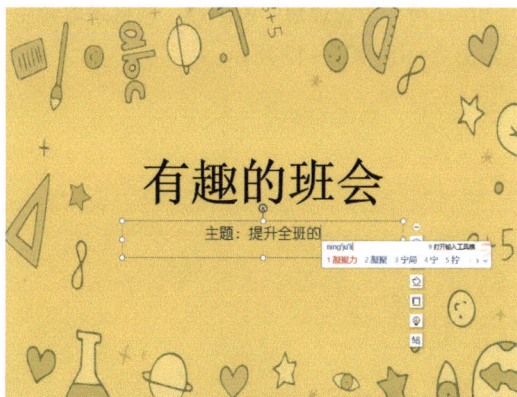

图 8-7

步骤 6 至此封面就做好了，但是感觉哪里不对劲？原来是幻灯片的顺序错了，封面应该在第一张幻灯片的位置，怎么办呢？用鼠标左键按住微缩列表里需要调整位置的幻灯片不放，将其拖曳到相应的位置即可。

技巧提示

　　还有一个方法可以调整幻灯片的位置，在微缩列表中选择需要调整的幻灯片，然后单击鼠标右键，再在弹出的菜单中选择"剪切"选项，如图 8-8 所示。接着在需要粘贴幻灯片的位置单击鼠标右键，并在弹出的菜单中选择"粘贴"选项，即可将幻灯片移到指定位置，如图 8-9 所示。

图 8-8

图 8-9

步骤 7 接下来需要制作章节页。章节页的内容主要是每一个章节的标题，根据目录第一节"传话游戏"、第二节"握手和拥抱"、、第三节"诉说理想"的顺序，同样采取套用 PPT 幻灯片模板的方法制作各章节页，完成后的效果如图 8-10~ 图 8-12 所示。

图 8-10

图 8-11

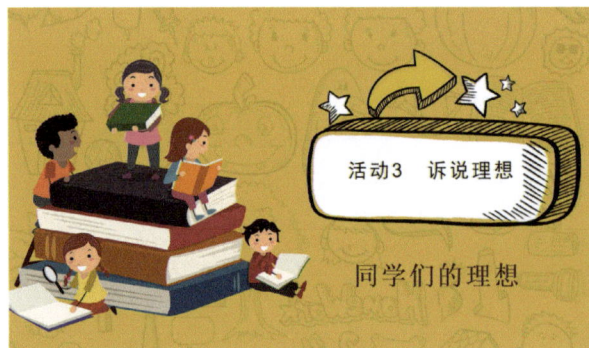

图 8-12

步骤 8 结束页采用同样的方法，先选择模板，然后修改模板中的文字，如图 8-13 所示。

图 8-13

PPT 的主要幻灯片已经做完了，但是正文的内容还没有，接下来可以分别在几个章节页下制作内容了。

知识拓展

因为第一个章节的题目是"传话游戏"，所以可以用一个很生动的"关系图"来体现游戏的玩法，方法如下。

步骤 1 在"传话游戏"幻灯片后面插入一张新的幻灯片。插入幻灯片的方法依然可以使用模板，这一节内容的规划是"关系图"，所以需要在模板列表窗口的幻灯片类型中单击"关系图"按钮 🔔关系图 HOT ，此时会显示有关"关系图"类型的所有幻灯片模板，如图 8-14 所示。

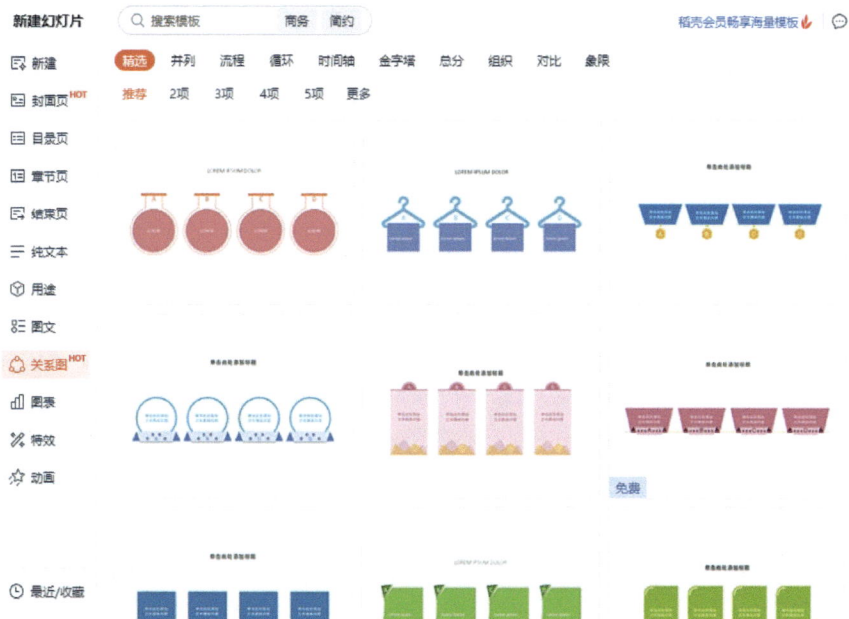

图 8-14

步骤 2 在选择模板的时候要善于选择分类，在"关系图"这一分类中，还有很多二级分类。根据需要可以选择"循环"和"4项"这个分类，然后在其中挑选一个合适的模板，用鼠标左键单击该模板，新的幻灯片就创建成功了，如图 8-15 所示。

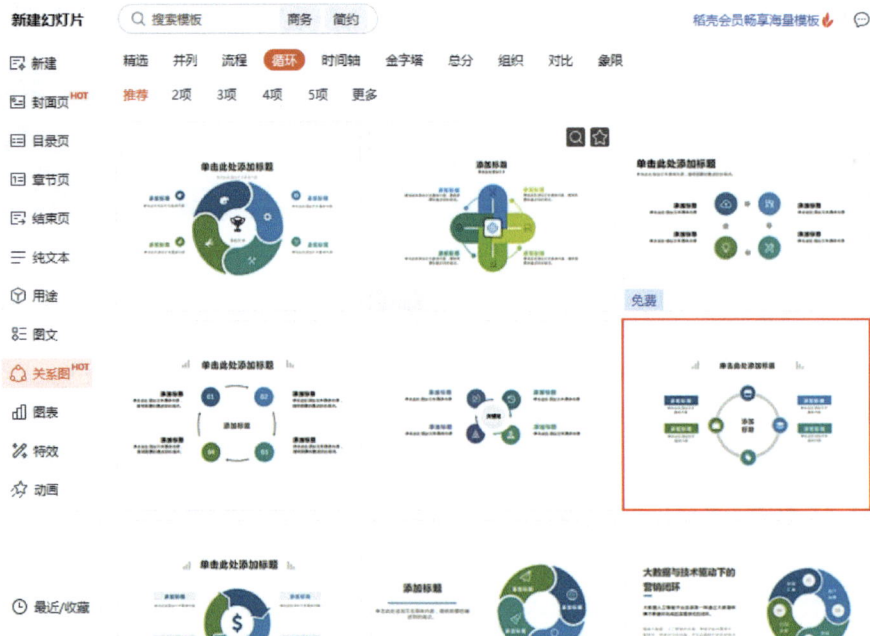

图 8-15

步骤 3 接下来需要对图表中的文字进行修改，如图 8-16 所示。

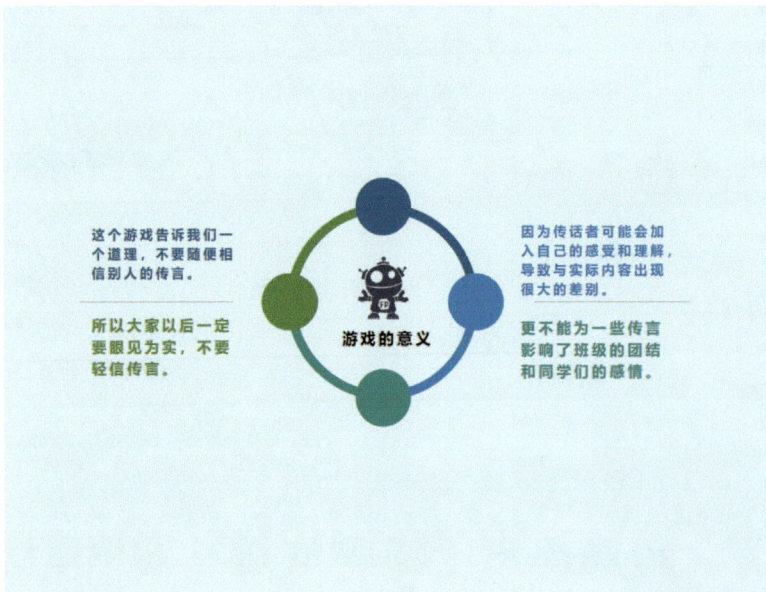

图 8-16

步骤 4 "传话游戏"章节的内容就制作完成了，剩下两个章节的内容，可以用纯文字的形式表达，也是套用模板。在模板窗口中单击"纯文本"按钮 ☰ 纯文本，找到适合的模板，然后修改模板中的文字，完成后的效果如图 8-17 和图 8-18 所示。

图 8-17

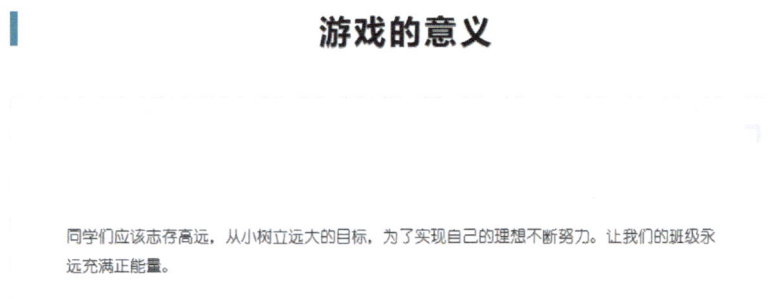

图 8-18

课堂巩固

1.在制作PPT的时候，要先做目录，对整体的内容有规划之后，再创作接下来的内容。

2.在制作 PPT 的时候，要根据内容规划善于利用模板，这样就能快速且满意地做好 PPT。

课后练习

制作一个简单的图表，以图表的形式说明班上男女学生比例的情况。

建议完成时间：30 分钟

植物的自我保护

课堂导入

大家可能会以为植物不能说话也不能动，就不会有自我保护意识，其实植物是有自我保护意识的，不同的植物对自己的保护方式也都不一样。植物保护自我的常见方式有散发气味、长出尖尖的刺、通过落叶为自己保暖、叶子做出简单的动作等。那么我们为什么不把这些知识记录下来呢？本节课就带领大家制作一个"植物的自我保护"主题的 PPT，如图 9-1 所示。

图 9-1

本课重点

- 学会修改图文模板。
- 掌握挑选图文模板的技巧。

建议完成时间

30分钟

本课内容

难度系数 ★★★

步骤 1 打开 PPT 软件，在主界面中用鼠标左键单击"新建幻灯片"按钮 的倒三角图标，然后在幻灯片模板中选择"目录页"，并挑选合适的模板，如图 9-2 所示。

图 9-2

步骤 2 对模板中的文字进行修改，按照我们的设想，目录分为四个主要章节，分别是"散发气味""长出尖尖的刺""落叶成了过冬的衣裳"和"叶子简单的动作"，如图 9-3 所示。

图 9-3

步骤 3 根据前面所讲的 PPT 制作思路，接下来需要制作封面页。单击幻灯片列表最底下一个幻灯片的"＋"，就会出现幻灯片模板窗口，然后用鼠标左键单击"封面页"按钮 ，再选择合适的幻灯片风格，接着单击选中的模板，如图 9-4 所示，模板就添加到幻灯片编辑区了。对幻灯片的文字进行修改，封面就制作完成了，如图 9-5 所示。

图 9-4

图 9-5

步骤 4 制作章节页。目录设置有 4 个章节，因此需要制作 4 个章节页。采用同样的操作方法，套用 PPT 原有的模板，分别在 4 个模板上修改文字，章节页就制作完成了，如图 9-6~ 图 9-9 所示。

图 9-6

图 9-7

图 9-8

图 9-9

步骤 5 结束页依然采用选择模板的方式制作，用鼠标左键单击缩略图中的"+"，在模板窗口中选择结束页，然后挑选合适的模板并修改文字，结束页就制作完成了，如图 9-10 所示。

图 9-10

步骤 6 主要的幻灯片制作完成后就可以制作每个章节的内容页了。第一个章节的标题是"散发气味"，内容主要是讲植物可以通过散发气味来保护自己，因此用图文的方式来讲解比较合适。还是采用套用模板的方式制作，在对应章节的缩略图下单击"+"，会弹出模板窗口，然后选择"图文"选项 图文 ，接着挑选一个合适的模板，如图 9-11 所示。用鼠标左键单击选择的模板，模板就添加到编辑区了，如图 9-12 所示。

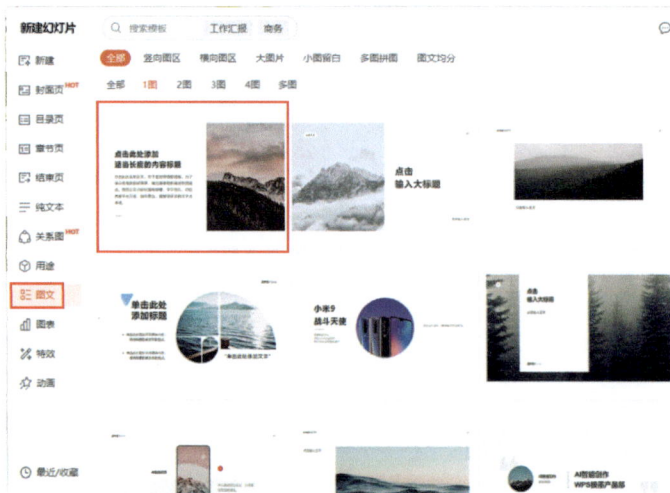

图 9-11

图 9-12

步骤 7 修改模板中的文字，效果如图 9-13 所示。

桉树的气味可不好闻

桉树释放出来的气体，可以让一般的昆虫远离它，同时其他植物也无法在它周围存活，起到保护自己的作用。

图 9-13

步骤 8 更换模板中的图片。在更换图片前，需要先准备好图片素材，并放在 PPT 素材文件夹中，如图 9-14 所示。

素材库

桉树林　　　落叶　　　暑假吃西瓜　　　仙人掌　　　小熊的玩具屋　　　小羊盘罗汉　　　合羞草

图 9-14

步骤 9 选择图片编辑框，然后单击鼠标右键，在弹出的菜单中选择"更改图片"选项，如图 9-15 所示。接下来会弹出更改图片的对话框，如图 9-16 所示。

图 9-15

57

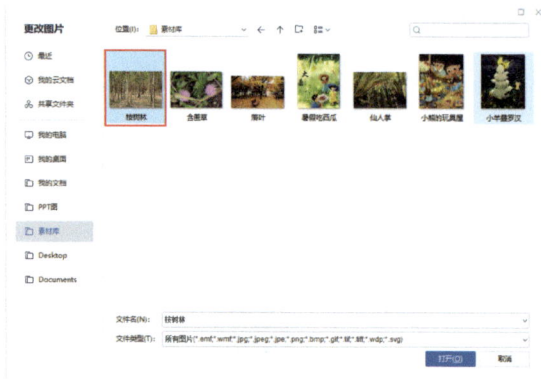

图 9-16

步骤 10 用鼠标左键双击选择的图片素材，图片就会插入到原幻灯片图片的位置，如图 9-17 所示。

图 9-17

步骤 11 剩下 3 个章节的内容可以采用同样的方法制作，完成后的效果如图 9-18~ 图 9-20 所示。

图 9-18

图 9-19

图 9-20

课堂巩固

1. 插入图片时用鼠标左键单击图片编辑框，然后单击鼠标右键，从中选择"更改图片"选项就能更换图片了。

2. 在制作 PPT 的时候依然要记住，首先要制作目录页，这样能更清晰地了解整个 PPT 的创作思路。

3. 在挑选模板的时候要根据素材的特点进行选择，比如只有一张图片素材，那么在选择模板类型的时候最好选择"只需插入一张图片素材"的模板类型。

课后练习

请在 PPT 里选择一个自带图片的模板，然后更换模板中的图片。

建议完成时间：10 分钟

带你走进我的小小实验室

课堂导入

很多同学都喜欢做科学实验，而且还有属于自己的"小小实验室"，在实验室中有说不完的乐趣，也有说不完的知识点，我们可以把这些有趣的内容做成 PPT 和同学们分享。先构思好内容，然后可以分为四节完成 PPT 制作，第一节为"实验室的样子"，第二节为"我做过的实验"，第三节为"在实验室发生的故事"，第四节为"未来我想做的实验"，如图 10-1 所示。

图 10-1

本课重点

- 学会挑选多图片模板，并更改多张图片。
- 学会设计图片动画效果。

建议完成时间

40分钟

本课内容

步骤 1 打开 PPT 制作软件，在主界面中用鼠标左键单击"新建幻灯片"按钮  的倒三角图标，在弹出的幻灯片模板窗口中找到合适的目录页模板；单击模板，该模板会添加到编辑区中，然后对模板中的文字进行修改，如图 10-2 所示。

图 10-2

技巧提示

　　本节课还是采取套用模板的方法制作 PPT，需要注意的是本节课套用的模板有些复杂，属于多图配文字的方式。

步骤 2 制作 PPT 的封面。用鼠标左键单击幻灯片缩略图中的"+"，然后在弹出的模板窗口中选择"封面页"选项，接着选择合适的模板并修改文字，如图 10-3 所示。最后调整幻灯片的顺序，用鼠标左键按住幻灯片列表中的封面页，拖曳到列表最前面。

图 10-3

步骤 3 根据目录需要先做四个章节页。用鼠标左键单击幻灯片缩略图中的"+",然后在弹出的幻灯片模板窗口中选择"章节页"选项,然后选择合适的模板并添加到幻灯片编辑区,如图 10-4~ 图 10-7 所示。

图 10-4

图 10-5

图 10-6

图 10-7

步骤 4 分别对每个模板的文字进行修改。用鼠标左键单击文本框,然后输入需要的文字即可,如图 10-8~ 图 10-11 所示。

图 10-8

图 10-9

图 10-10

图 10-11

至此所有的章节页都做完了，接下来在每个章节页后面制作相对应的内容，可以做得完美一些，多图结合，再设置图片的动画效果。

步骤 5 第一节的标题是"实验室的样子"，设想的是把实验室的多张图片插入到幻灯片中，然后配上文字说明，图文有动画效果。用鼠标左键单击"实验室的样子"这张幻灯片的缩略图；然后单击"+"，接着在弹出的模板窗口中单击"图文"按钮 图文 ，挑选合适的模板，单击该模板即可将其添加到幻灯片编辑区中，如图 10-12 所示。

图 10-12

步骤 6 修改模板中的图片和文字。先准备好图片素材，然后选择需要修改的图片，并单击鼠标右键，在弹出的菜单中选择"更改图片"选项，如图 10-13 所示。

图 10-13

步骤 7 在弹出的对话框中选择合适的素材，如图 10-14 所示。用鼠标左键双击该素材，图片即可更换完毕，如图 10-15 所示。

图 10-14　　　　　　　　　　　　　　　　　　图 10-15

步骤 8 用同样的方法更换剩下的图片，如图 10-16 所示。

图 10-16

步骤 9 用鼠标左键单击要修改的文本框，然后输入需要的文字，如图 10-17 所示。

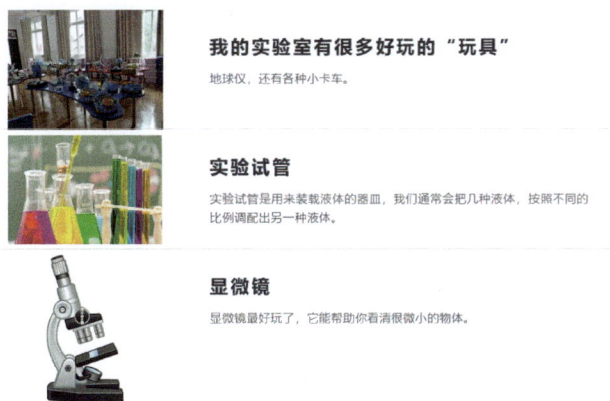

我的实验室有很多好玩的"玩具"

地球仪，还有各种小卡车。

实验试管

实验试管是用来装载液体的器皿，我们通常会把几种液体，按照不同的比例调配出另一种液体。

显微镜

显微镜最好玩了，它能帮助你看清很小的物体。

图 10-17

步骤 10 给图片和文字添加动画效果。用鼠标左键单击需要添加动画效果的图片，然后单击菜单栏中的"动画"菜单 **动画** ，会出现制作动画的工具；接着在"动画效果"这一栏中选择合适的动画效果，如图 10-18 所示，即可按照选定的效果呈现图片。

图 10-18

技巧提示

其余图片采用同样的方法即可设置需要的动画效果。

步骤 11 第二节、第三节和第四节的内容，分别采用同样的方式进行制作即可，如图 10-19 ~ 图 10-21 所示。

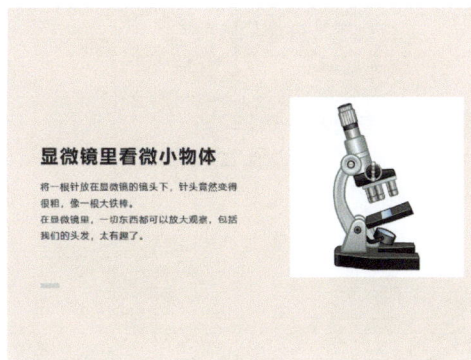

显微镜里看微小物体

将一根针放在显微镜的镜头下，针头竟然变得很粗，像一根大铁棒。

在显微镜里，一切东西都可以放大观察，包括我们的头发，太有趣了。

图 10-19

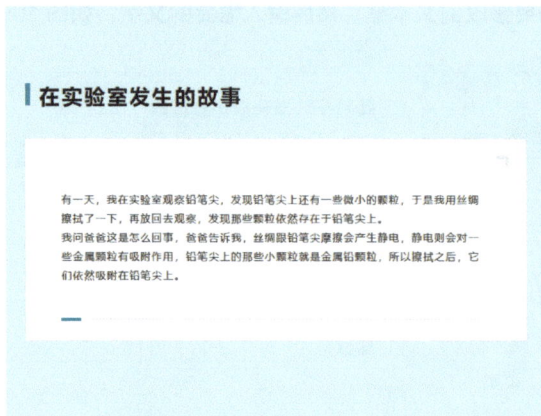

图 10-20

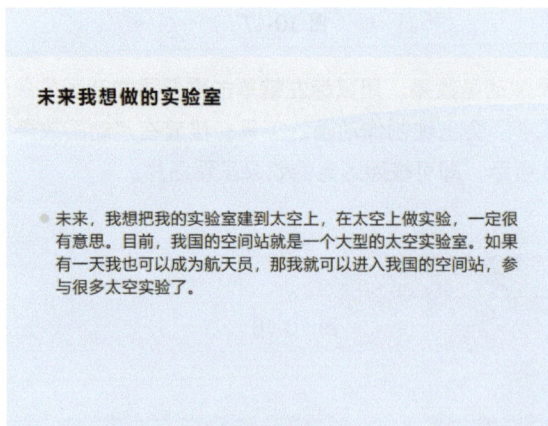

图 10-21

步骤 12 最后制作结束页，选择合适的模板并修改文字，如图 10-22 所示。

图 10-22

知识拓展

制作动画效果还有其他方法，下面为大家讲解。

步骤 1 在"动画"工具栏中有一个"智能动画"按钮，先选择想要设置动画的图片，然后单击"智能动画"按钮，会弹出动画模板窗口，如图 10-23 所示。

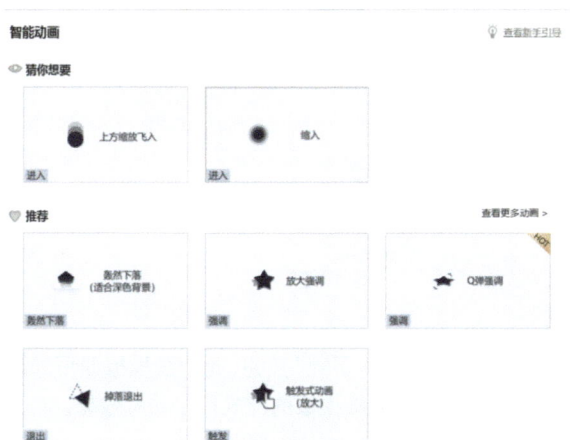

图 10-23

步骤 2 在动画模板窗口中有很多动画模式，将鼠标指针移动到需要的模板上，模板会显示下载按钮，有免费和收费两种情况，如图 10-24 和图 10-25 所示。

图 10-24

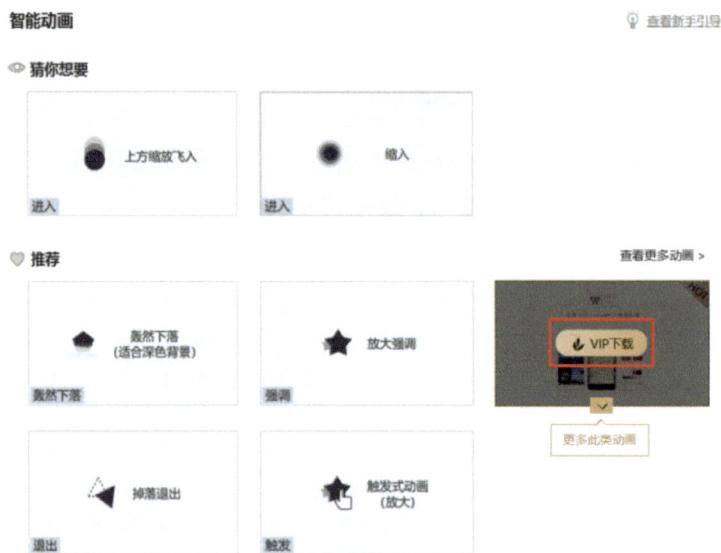

图 10-25

步骤 3 用鼠标左键单击"免费下载"或者"VIP下载"按钮，此动画模板即可加载到所选择的图片中，重新打开幻灯片时，所选定的图片即可按照动画模板的样式产生动画效果。

课堂巩固

1. 选择多图片模板时要提前准备好图片素材。

2. 给图片设置动画有两种方法：一种是在"动画"工具栏中选择合适的动画效果，另一种是通过"智能动画"按钮选择合适的动画效果。

课后练习

请在 PPT 中选择一个方便插入多张图片的模板，然后插入自己准备好的图片素材，再给图片添加动画效果。

建议完成时间：30 分钟

第11课 我的演讲稿很有诗意

课堂导入

　　演讲又叫作讲演或演说，是指在公众场合，以有声语言为主要手段，以体态语言为辅助手段，针对某个具体问题，鲜明、完整地发表自己的见解和主张，阐明事理或抒发情感。本节课就以"解读《静夜思》"为主题，为同学们讲解演讲类 PPT 的制作方法，效果如图 11-1 所示。

图 11-1

本课重点

● 学会使用 PPT 制作演讲稿。

● 学会设置自动播放幻灯片。

建议完成时间

30分钟

本课内容

步骤 1 用鼠标右键单击计算机桌面空白处，在弹出的菜单中选择"新建 >PPTX 演示文稿"选项，如图 11-2 所示。

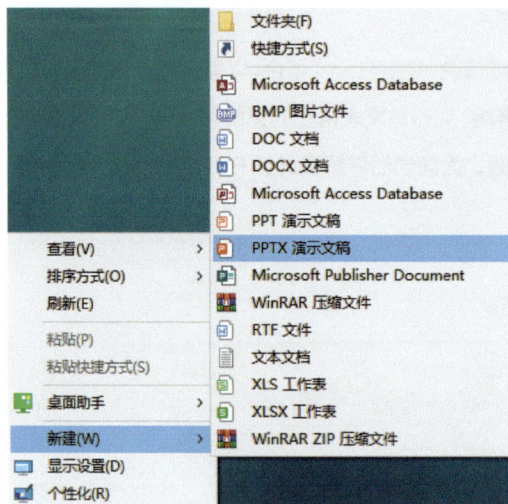

图 11-2

步骤 2 在计算机桌面找到刚刚新建的 PPT 文件，用鼠标左键双击打开。在工具栏中单击"新建幻灯片"按钮，就可以使用模板制作 PPT 了，如图 11-3 所示。

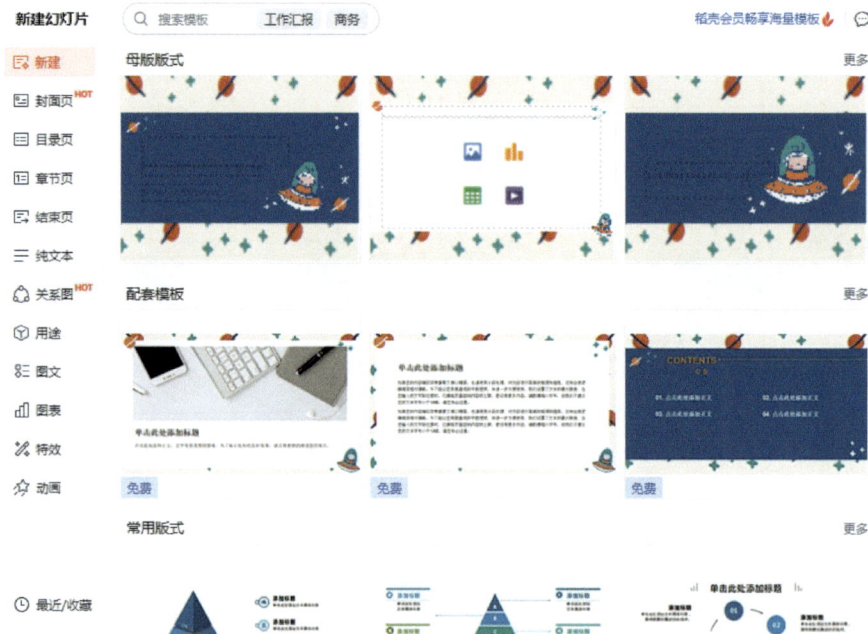

图 11-3

步骤 3 首先制作目录页，在模板窗口中单击"目录页"选项，并选择"卡通"风格的模板，如图 11-4 所示。

图 11-4

步骤 4 对模板中的文字进行修改，目录页就制作完成了，如图 11-5 所示。

图 11-5

步骤 5 选择合适的封面模板，并修改模板中的文字，如图 11-6 所示。

图 11-6

步骤 6 采用同样的方法依次制作内容页，如图 11-7~ 图 11-10 所示。

图 11-7

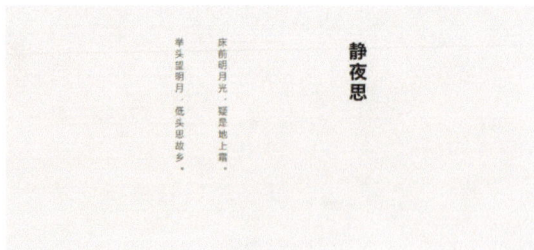

图 11-8

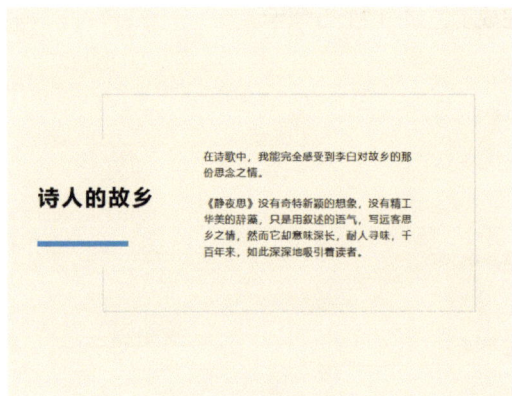

图 11-9

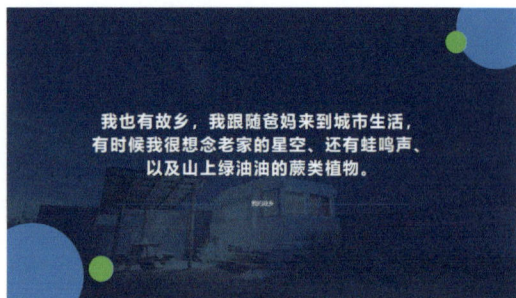

图 11-10

步骤 7 选择合适的模板制作结束页，对评委和同学表示感谢，如图 11-11 所示。

图 11-11

知识拓展

在演讲时可以让幻灯片自动播放，无需手动切换，具体设置方法如下。

步骤 1 在菜单栏中单击"放映"菜单，如图 11-12 所示。

图 11-12

步骤 2 在工具栏中用鼠标左键单击"自定义放映"按钮 ，打开"自定义放映"对话框，如图 11-13 所示；然后单击"新建"按钮，新建一个自动放映幻灯片动作。

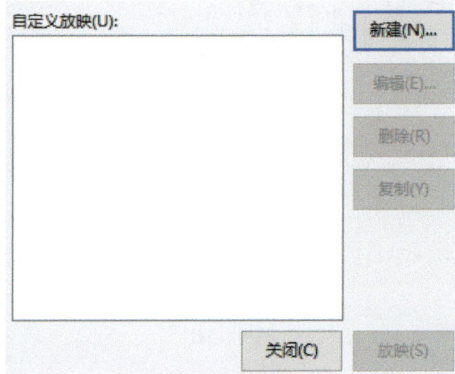

图 11-13

步骤 3 如图 11-14 所示，将所有幻灯片都添加到"在自定义放映中的幻灯片"中，然后单击"确定"按钮，就完成自动放映设置了。

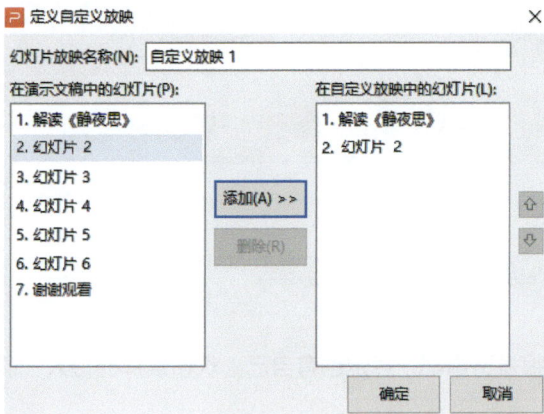

图 11-14

步骤 4 在工具栏中单击"放映设置"按钮 🔲 ，并在弹出的菜单中选择"自动放映"选项，如图 11-15 所示。

手动放映(M)

✓ 自动放映(A)

放映设置(U)

图 11-15

步骤 5 在工具栏中单击"从头开始"按钮 🔲 就可以自动播放幻灯片了，如图 11-16 所示。

图 11-16

课堂巩固

1. 先确定演讲的内容，再选择合适的模板。

2. 目录是每个板块内容的小结。

3. 学会设置自动播放幻灯片，给演讲助力。

课后练习

同学们应该学过很多诗歌吧，肯定也有自己喜欢和崇拜的诗人，请自选一首喜欢的诗歌制作演讲 PPT。

建议完成时间：20 分钟

第**12**课 把我的课外生活做成PPT

课堂导入

　　同学们除了平时的课堂学习外，还会有丰富多彩的课外生活，比如和同学一起背诗，和爸爸妈妈去爬山，或者是和爷爷奶奶种地等。不妨把这些生活经历制作成 PPT，记录生活点滴。本课就以课外生活为主题制作 PPT，如图 12-1 所示。

图 12-1

本课重点

● 掌握 PPT 模板的使用技巧。

● 学会使用 PPT 展示生活中的点点滴滴。

建议完成时间

30分钟

本课内容

难度系数 ★ ★ ★

步骤 1　在计算机桌面空白处单击鼠标右键，然后在弹出的菜单中选择"新建 >PPTX 演示文稿"选项，如图 12-2 所示。

图 12-2

步骤 2 在计算机桌面找到刚刚新建的 PPT 文件，并用鼠标左键双击打开。在工具栏中单击"新建幻灯片"按钮 ，就可以使用模板制作 PPT 了，如图 12-3 所示。

图 12-3

步骤 3 先制作 PPT 的目录，以确定内容框架。在模板窗口中用鼠标左键单击"目录页"按钮 ，然后选择一个合适的目录模板。接着修改文字内容，目录分为四部分，分别是"和同学一起背诗""和爸爸妈妈去爬山""和爷爷奶奶种地"与"观察蚂蚁搬运食物"，如图 12-4 所示。

图 12-4

步骤 4 制作封面页。可以根据自己的喜好选择不同的模板，模板中有免费的，也有付费的，大家根据需要进行选择即可。选择封面模板后，用鼠标左键单击该模板，将其添加到编辑区，然后修改文字，如图 12-5 所示。

图 12-5

步骤 5 根据目录规划，采用同样的方法依次制作 PPT 的正文内容，如图 12-6~ 图 12-9 所示。

图 12-6

图 12-7

图 12-8

图 12-9

步骤 6 选择合适的模板制作结束页。

技巧提示

为了使 PPT 内容更生动，可以给文字和图片添加动画效果，具体制作方法可以参考前面所讲的内容。

课堂巩固

1. 先确定内容框架，然后再分别制作不同的页面。

2. 选择的模板要与所制作内容的定位和风格匹配，设置动画可以丰富 PPT 效果。

课后练习

生活中还有很多有趣的事情，请把那些有趣的事情描述出来，并制作成 PPT。

建议完成时间：10 分钟

第13课 制作故宫游记PPT

课堂导入

　　在假期很多同学都会外出旅游。我国有很多著名的景点，故宫就是其中之一。故宫也被称为紫禁城，它是我国保存最完好、艺术造诣最高的古代宫殿建筑。本节课就以故宫游玩为主要内容制作PPT，给大家分享游玩故宫的经历和感受，如图13-1所示。

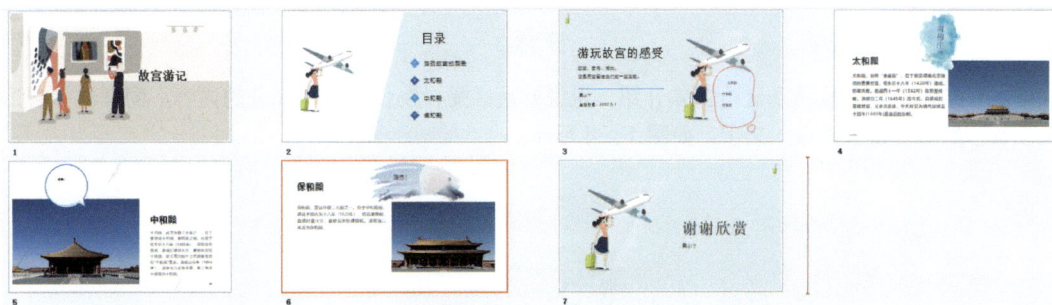

图 13-1

本课重点

- 掌握 PPT 模板的使用技巧。
- 学会使用 PPT 对旅游活动等进行总结。

建议完成时间
30分钟

本课内容

难度系数 ★ ★ ★

步骤 1 先制作目录页，确定PPT的大纲。目录可以划分为"游玩故宫的感受""太和殿""中和殿"与"保和殿"4部分。根据大纲内容选择合适的模板并修改文字，如图13-2所示。

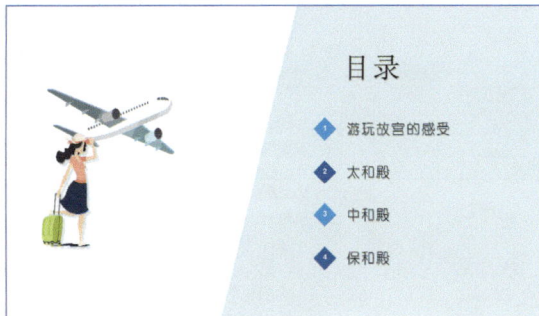

图 13-2

步骤 2 接下来制作封面页，选择合适的模板，并在封面页输入标题文字，如图 13-3 所示。

图 13-3

步骤 3 先对故宫游玩活动进行整体介绍，说说游玩感受，制作第一个部分的内容。同样选择合适的模板，然后在模板中输入文字，如图 13-4 所示。

图 13-4

步骤 4 接下来对印象深刻的景点分别进行介绍，比如太和殿、中和殿、保和殿等。可以分别选择一些漂亮的景点照片，然后写上相关的文字内容，如图 13-5~ 图 13-7 所示。

图 13-5

好美!

中和殿

中和殿，故宫外朝三大殿之一，位于紫禁城太和殿、保和殿之间。始建于明永乐十八年（1420年），明初称华盖殿，嘉靖时遭遇火灾，重修后改称中极殿，现天花内构件上仍遗留有明代"中极殿"墨迹。清顺治元年（1644年），清皇室入主紫禁城，第二年改中极殿为中和殿。

图 13-6

雄伟!

保和殿

保和殿，故宫外朝三大殿之一。位于中和殿后，建成于明永乐十八年（1420年），初名谨身殿，嘉靖时遭火灾，重修后改称建极殿。清顺治二年改为保和殿。

图 13-7

步骤 5 最后制作结束页，感谢大家的欣赏，如图 13-8 所示。

谢谢欣赏

黄小丫

图 13-8

如果觉得景点介绍页面太过单调，则可以对文本框等内容进行优化。

选择其中一张幻灯片，然后在"开始"工具栏中单击"文本框"按钮 🖺，接着在弹出的对话框中单击"免费"按钮，就可以选择自己喜欢的文本框了，如图 13-9 所示。

图 13-9

✍ 课堂巩固

1. 确定好整个 PPT 的结构关系，并根据内容挑选合适的模板。
2. 可以通过文本框这种小装饰来丰富 PPT 的内容。

▶ 课后练习

请同学们选择一个自己去过且印象深刻的景点，并将其制作成 PPT，与同学们分享。
建议完成时间：10 分钟

第14课　我把学习规划做成了PPT

课堂导入

每个同学都应该有明确的学习规划，这样才能高效地利用好时间。下面就用 PPT 制作一个寒假期间的学习规划。

具体规划的内容如下。

1. 每天做语文、数学寒假作业各两页。

2. 每天做一篇阅读训练。

3. 坚持每天阅读课外书，学习课本以外的知识。

4. 每天做 3 道奥数题。

根据上面的规划制作成的 PPT 效果如图 14-1 所示。

图 14-1

本课重点

● 巩固 PPT 的操作技巧。

● 学会使用 PPT 制作学习计划。

建议完成时间

30分钟

本课内容

难度系数 ★★★

步骤 1 打开 PPT 软件并新建幻灯片，然后选择合适的幻灯片模板，用目录页来表示学习计划，并把 4 个规划内容输入进去，如图 14-2 所示。

目 录

CONTENTS

01　每天做语文、数学寒假作业各两页

02　每天做一篇阅读训练

03　坚持每天阅读课外书，学习课本以外的知识

04　每天做3道奥数题

图 14-2

步骤 2 新建幻灯片作为封面页。选择合适的模板，然后将标题文字修改为"学习规划"，并备注作者名字，如图 14-3 所示。

学习规划

黄小丫假期学习规划

图 14-3

步骤 3 首先细化第一个计划"每天做语文、数学寒假作业各两页",把这个计划用纯文本的形式表达出来即可。选择一个纯文本模板,然后修改模板中的文字,即可变成需要的幻灯片了,如图 14-4 所示。

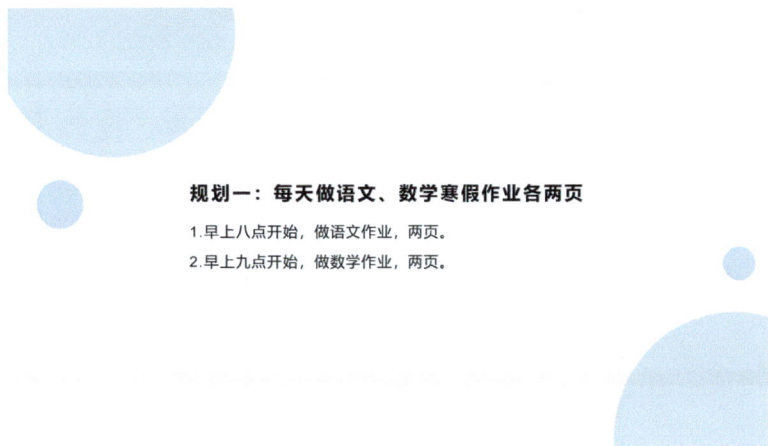

规划一:每天做语文、数学寒假作业各两页

1.早上八点开始,做语文作业,两页。
2.早上九点开始,做数学作业,两页。

图 14-4

步骤 4 剩下的其他每一项计划都可以采用纯文本的模式进行罗列,这样才能保持风格统一,如图 14-5 所示。

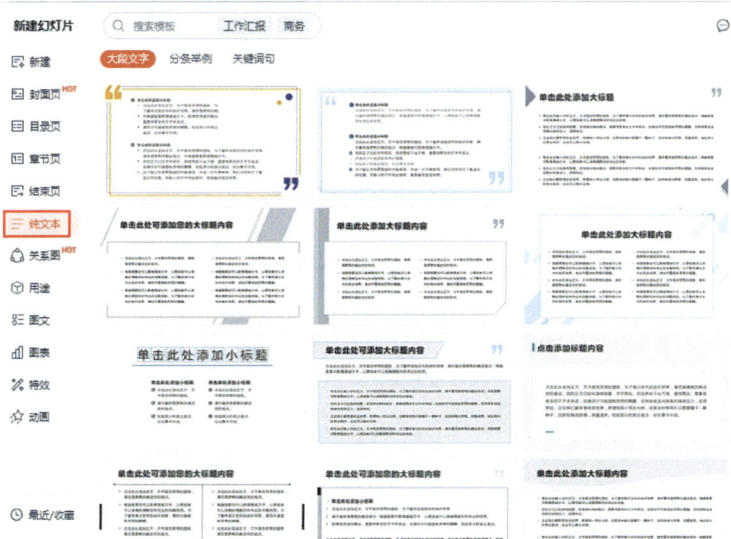

图 14-5

步骤 5 选择合适的纯文本模板,然后修改模板中的文字,如图 14-6~ 图 14-8 所示。

规划二:每天做一篇阅读训练

1.阅读的时候尽量放声阅读。
2.在阅读文章后,再去做阅读训练题。
3.每天午饭后开始进行这项计划,做一个小时的训练即可。

图 14-6

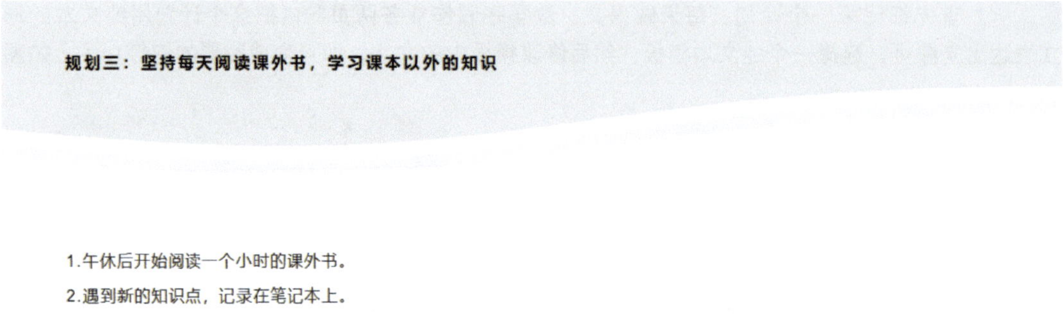

规划三：坚持每天阅读课外书，学习课本以外的知识

1.午休后开始阅读一个小时的课外书。

2.遇到新的知识点，记录在笔记本上。

图 14-7

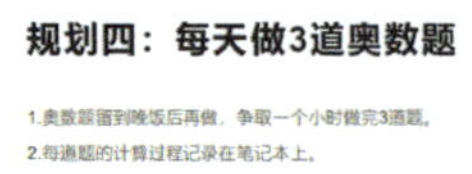

规划四：每天做3道奥数题

1.奥数都留到晚饭后再做，争取一个小时做完3道题。

2.每道题的计算过程记录在笔记本上。

图 14-8

步骤 6 已经规划好了每天的学习计划，那么应该如何提醒自己呢？再新建一张幻灯片，输入一句名人名言，时刻提醒自己要坚持，如图 14-9 所示。

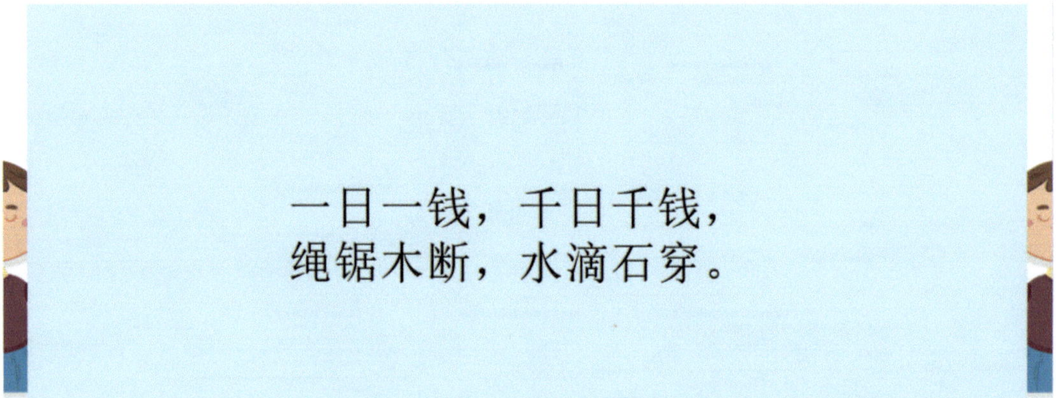

一日一钱，千日千钱，
绳锯木断，水滴石穿。

图 14-9

步骤 7 在结束页输入作者名字和日期，如图 14-10 所示。

图 14-10

知识拓展

如果切换幻灯片时感觉太僵硬了，可以在菜单栏中单击"切换"菜单，会出现很多切换的样式，如图 14-11 所示。

图 14-11

切换的功能有很多种，选择自己喜欢的就可以，比如单击"平滑"切换效果，就能从上一张幻灯片很平滑地切换到下一张幻灯片。

课堂巩固

1. 根据 PPT 内容选择合适的模板。
2. 为了使幻灯片切换顺畅，可以选择合适的切换效果。

课后练习

除了假期需要制订学习计划外，平时上学也需要有明确的学习规划，请同学们制作一个平时上学的学习计划 PPT。

建议完成时间：20 分钟

制作一个自我介绍的PPT

课堂导入

　　进入了一个新的学习环境，可以认识很多新同学和新老师，制作一个自我介绍的 PPT 文件，可以让同学们更加了解你。

　　我们可以从以下几点入手。

　　1. 介绍自己的姓名。

　　2. 介绍自己的籍贯、爱好。

　　3. 介绍自己的优点和技能。

　　4. 用幽默的语言概括自己的特点，可加深同学们对自己的印象。

　　5. 最后致谢。

　　完成后的效果如图 15-1 所示。

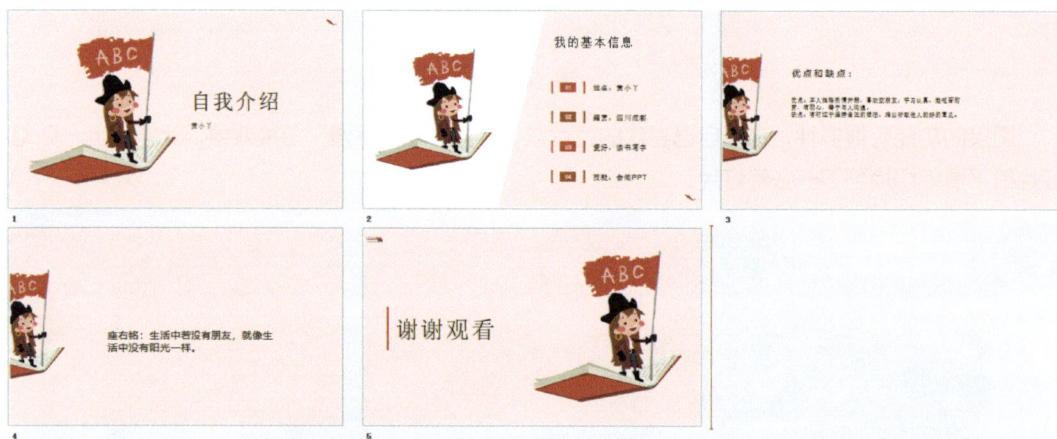

图 15-1

本课重点

● 掌握 PPT 模板的使用技巧。

● 学会使用 PPT 做自我介绍。

建议完成时间

20分钟

步骤 1 打开 PPT 软件并新建幻灯片，然后在模板窗口中选择合适的 PPT 模板，再修改文字，作为封面页，如图 15-2 所示。

图 15-2

步骤 2 选择一个合适的目录页模板，然后把"目录"两个字修改为"我的基本信息"，接着将自己的信息依次输入到下面的文本框中，如图 15-3 所示。

图 15-3

步骤 3 除了基本信息外，还可以介绍自己的优点和缺点，如图 15-4 所示。

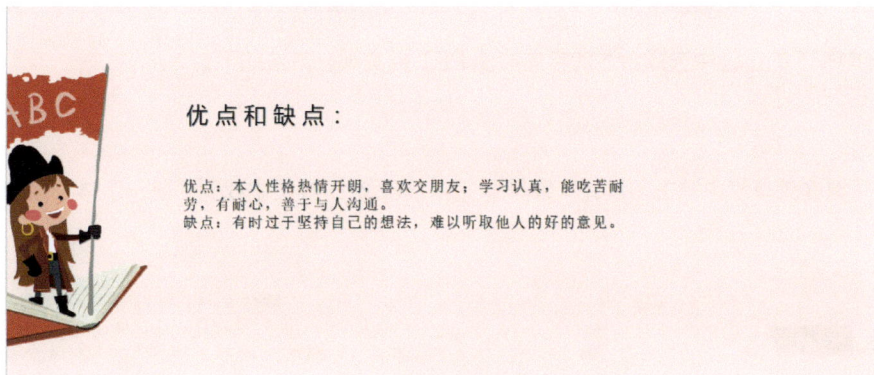

图 15-4

步骤 4 还可以写一写自己的座右铭，通过座右铭激励和鞭策自己，如图 15-5 所示。

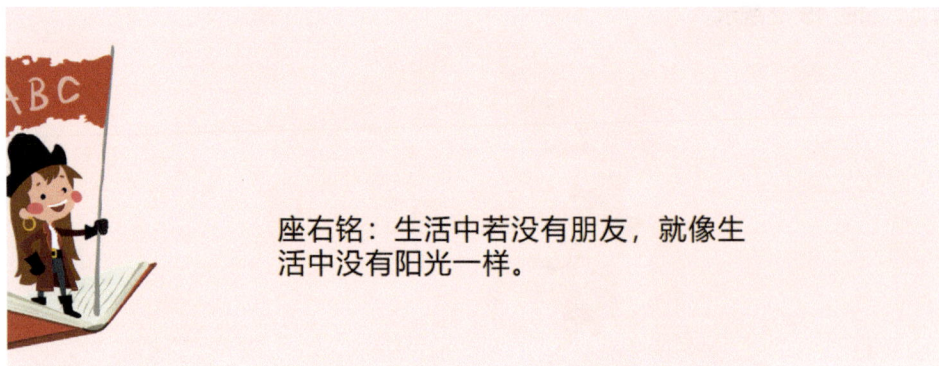

座右铭：生活中若没有朋友，就像生活中没有阳光一样。

图 15-5

步骤 5 在结束页感谢同学们观看，如图 15-6 所示。

谢谢观看

图 15-6

知识拓展

在制作 PPT 的过程中选择合适的字体能使 PPT 更美观，方法如下。

步骤 1 可以在菜单栏中单击"设计"菜单 设计 ，然后在工具栏中找到"统一字体"按钮 ，如图 15-7 所示。

图 15-7

步骤 2 用鼠标左键单击"统一字体"按钮，就可以找到自己喜欢的字体样式了，如图 15-8 所示。

图 15-8

步骤 3 用鼠标左键单击自己喜欢的字体就可以了，效果如图 15-9 所示。

图 15-9

课堂巩固

1. 在选择模板的时候要根据内容灵活处理，比如"目录页"可以作为基本信息页。

2. 章节页通常用于介绍自己的座右铭或者做了哪些有趣的事情。

3. 修改字体可以让整个 PPT 看起来更加有趣。

课后练习

选择自己感兴趣的事情或者活动，制作成 PPT 与大家分享。

建议完成时间：20 分钟

第16课 制作班长竞选PPT

课堂导入

锋利的剑缺少不了打磨，成功的人缺少不了竞争。竞选班干部是为了组建一个高效率的班级领导团体，从而更好地组织班级活动，营造良好的班级氛围。在参加竞选之前制作一份竞选PPT非常重要，可以在PPT中展示自己的优势，以及对竞选职务的认识，同时也告诉所有同学，如果竞选成功会怎么做。本课我们以班长竞选为主题来制作PPT，效果如图16-1所示。

图 16-1

本课重点

- 掌握班长竞选 PPT 内容的逻辑顺序。
- 学会调整 PPT 的底色。

建议完成时间

40分钟

步骤 1 根据设想，竞选演讲主要分为 3 大部分，分别是"班长是做什么的""我的优势是什么"与"假如我是班长"。首先制作目录页，在 PPT 软件界面中单击"新建幻灯片"按钮，在打开的模板窗口中选择"目录页"选项 目录页，找到合适的模板；接着用鼠标左键单击该模板，模板即可添加到编辑区中，然后修改文字，如图 16-2 所示。

图 16-2

步骤 2 开始制作封面页。按照前面介绍的方法，选择合适的模板，然后输入标题，以及竞选人的名字和竞选日期，如图 16-3 所示。

图 16-3

步骤 3 根据目录制作 PPT 的正文，正文有 3 张幻灯片，分别是"班长是做什么的""我的优势是什么"与"假如我是班长"。根据内容结构可以选择"关系图"模板。用鼠标左键单击"新建幻灯片"按钮，然后在模板窗口中单击"关系图"选项 关系图，即可筛选出与"关系图"相关的模板，如图 16-4 所示。

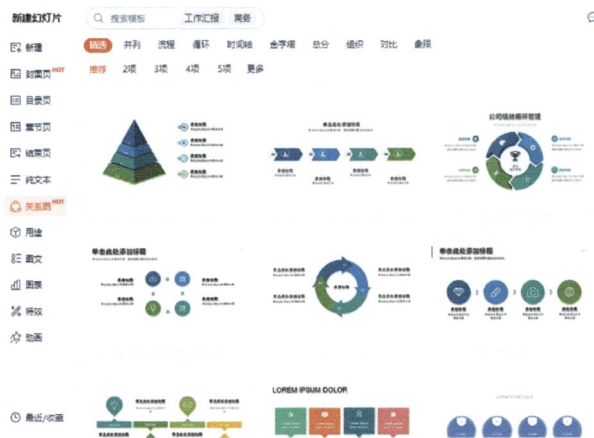

图 16-4

步骤 4 用鼠标左键单击"并列"和"4项"，即可显示相关的模板，然后单击合适的模板，如图 16-5 所示，该模板即可添加到编辑区中。

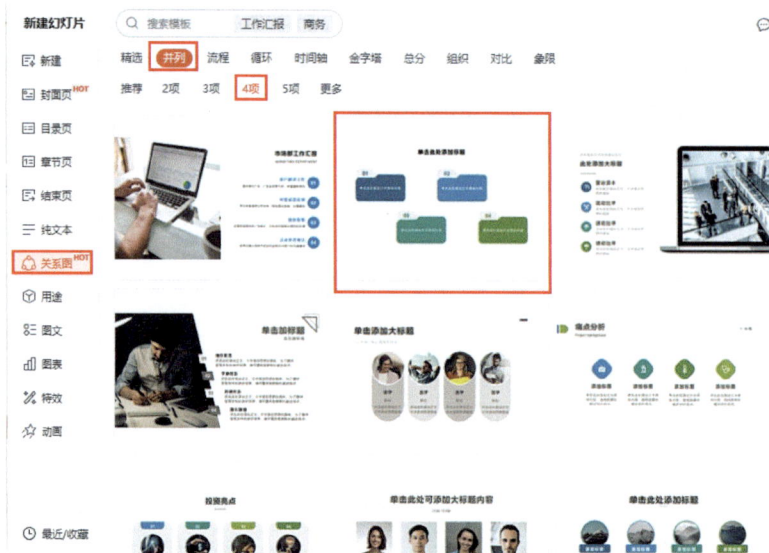

图 16-5

步骤 5 修改模板中的文字，如图 16-6 所示。

图 16-6

步骤 6 采用同样的方法将"我的优势是什么"和"假如我是班长"这两张幻灯片制作好，如图 16-7 和图 16-8 所示。

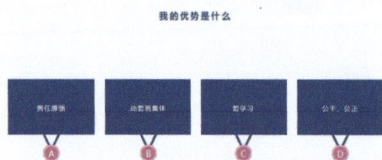

图 16-7

图 16-8

步骤 7 制作结束页。选择合适的模板，然后修改文字，如图 16-9 所示。

图 16-9

知识拓展

在制作 PPT 的过程中，如果觉得幻灯片的底色不好看，应该怎么办呢？

步骤 1 可以在菜单栏中单击"设计"菜单，然后在工具栏中找到"配色方案"按钮，如图 16-10 所示。

图 16-10

步骤 2 用鼠标左键单击"配色方案"按钮，会打开"配色方案"面板，里面有很多幻灯片底色，如图 16-11 所示。

图 16-11

步骤 3 选中需要修改底色的幻灯片，在"配色方案"面板中选择自己喜欢的配色，单击鼠标左键，幻灯片就改变底色了，如图 16-12 所示。

图 16-12

课堂巩固

　　1. 在模板窗口中挑选"关系图"形式的模板，有利于组织存在某种关系的内容，使表达更清晰。

　　2.PPT 制作完成后可以通过"设计"菜单下的"配色方案"功能修改幻灯片的底色。

课后练习

请制作一个介绍班长职责的 PPT 吧。

建议完成时间：20 分钟